ARITHMÉTIQUE DÉCIMALE,

OU

Méthode Nouvelle,

Pour les Conversions des anciens Poids et Mesures en nouveaux et des nouveaux en anciens, Des Francs en Livres Tournois et des Livres Tournois en Francs,

et Instructions sur le Système Décimal.

par Godefroy Lavigne.

Professeur d'Écriture, d'Arithmétique et du Cours Théorique et Pratique, d'Instructions Genérales de Commerce, à Nantes.

an 1806

N° 699

A sa Majesté l'Empereur des Français et Roi d'Italie.

SIRE,

La bonté avec laquelle Votre Majesté accepta l'hommage que j'eus l'honneur de lui présenter, le 31 mai 1804, DU TABLEAU HISTORIQUE, ANALYTIQUE ET MANUSCRIT EN OR, DE SES CAMPAGNES ET DE SES VICTOIRES; l'accueil flatteur que je reçus de VOTRE MAJESTÉ, lorsqu'ensuite je lui présentai un Placet pour solliciter de sa bienfaisance un Emploi administratif, m'encouragent à vous supplier, SIRE, d'agréer la Dédicace du présent Traité sur les NOUVEAUX POIDS et MESURES.

Cet Ouvrage est sans doute peu digne d'être présenté à VOTRE MAJESTÉ, mais son utilité pour l'Instruction Publique, à laquelle elle accorde sa bienveillance, me fait espérer qu'il pourra obtenir son agrément.

J'ai l'honneur d'être avec un très-profond respect,

SIRE,

de VOTRE MAJESTÉ,

le très-humble et très-fidèle Sujet

Godefroy Lavigne

Nantes, 10 Juin 1806, 3.me année de l'Empire Français.

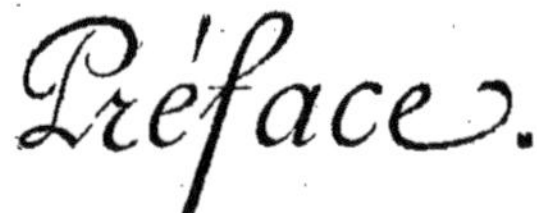

Je ne chercherai pas à prouver les avantages que l'unité des nouveaux Poids et Mesures, a sur la diversité des anciens, qui n'étaient consacrés que par l'usage et qui présentaient de grandes difficultés pour calculer les parties des unités et les fractions de ces parties, toute personne qui connait l'ancienne et la nouvelle arithmétique, préférera le nouveau système dont les fractions par 10èmes, 100èmes 1000èmes, etc. sont infiniment simples; tous les ouvrages qui ont paru jusqu'à ce jour, développent trop bien ces avantages, pour qu'il me soit nécessaire de les démontrer.

Une infinité de traités sur les nouveaux Poids et Mesures ont été faits, ceux qui ont circulé avant le 13 brumaire an 9, époque de la rectification du mètre, n'ayant que de faux rapports et des dénominations que l'on a changées, sont plus nuisibles qu'utiles, à l'instruction publique; plusieurs de ceux qui ont été faits depuis sont remplis d'erreurs dans leurs différentes bases et leurs rapports progressifs, et tous ne présentent que des tableaux comparatifs, ou comptes faits, suivant le système de Barême. Sans doute, ces ouvrages sont, comme ceux de Barême, nécessaires aux personnes qui n'ont aucuns principes d'arithmétique, mais le grand nombre de tableaux qu'il faut pour opérer toutes les espèces de conversions et le nombre infini de chiffres dont ils sont chargés, découragent celui qui veut s'instruire; j'ai pensé qu'un traité qui indiquat des méthodes simples, faciles, et à la portée des personnes qui savent faire leurs quatre premières règles pour convertir les nouveaux Poids et Mesures en anciens et l'inverse, pourrait présenter de grands avantages, en faisant éviter les recherches pénibles que l'on était obligé de faire sur les tableaux comparatifs.

Tel est le présent Ouvrage; les nombres que je donne pour opérer les conversions étaient faciles à trouver, ils sont la valeur en anciens Poids et Mesures avec leurs fractions décimales, de chaque unité des nouveaux et l'inverse, et tous ces nombres sont basés sur la valeur du mètre.

Il suffit à celui qui vend ou achète des marchandises au mètre de savoir qu'il faut multiplier par 0,84144 pour convertir les mètres en aunes de Paris et par 1,18845 pour l'inverse, et à celui qui vend ou achète des marchandises au poids, de savoir qu'il faut multiplier par 2,0429 pour des nombres de 5 chiffres ou par 2,043 pour moins de chiffres, pour convertir les kilogrammes en livres anciennes, poids de marc, et par 0,4895 pour l'inverse; il suffit enfin de se familiariser avec les nombres dont chacun aura besoin pour faire des conversions d'objets sur lesquels il commerce.

Je ne saurais trop recommander aux personnes qui voudront suivre mes méthodes, de lire avec attention les instructions décimales qui les précèdent.

J'ai traité avec beaucoup de soins les opérations pour les arpentages, qui étaient en usage dans ce département, ainsi mes méthodes doivent être très-utiles aux arpenteurs et aux propriétaires ; je me suis peu étendu sur les autres mesures locales, si j'avais voulu traiter de tous les anciens boisseaux de ce Département et ceux limitrophes, j'aurais sans doute commis quelques erreurs, parceque dans le grand nombre de boisseaux de capacité différente qui existaient dans ce Département, il s'en trouvait de plus ou moins grands les uns que les autres dans une même commune ; il se trouvait enfin des étalons en bois qui étaient écrasés et dont on ne peut plus s'assurer de la capacité ; mais pour trouver les nombres propres à opérer les conversions en nouveaux boisseaux, de tous les anciens boisseaux de ce Département et de toutes les parties de la France, ainsi que de toutes les autres mesures locales, j'ai donné à la fin de mon ouvrage, folio 75, *des méthodes générales ; il suffira de connaître la capacité en pouces cubes et lignes cubes des anciens boisseaux, la longueur des aunes en pouces, les mesures en pieds quarrés, des gaules, perches ou cordes anciennes, et opérer comme il est démontré auxdites méthodes générales. Cet ouvrage peut donc être utile dans tout l'Empire Français.*

Lorsque l'on voudra convertir une mesure quelconque composée de 3 chiffres, il suffira d'un nombre de 3 chiffres pour le multiplicateur, pour une mesure composée de 4 chiffres, il suffira de 4 chiffres pour le multiplicateur, ainsi il faudra toujours que le nombre de chiffres du multiplicateur soit égal à celui de la mesure dont on voudra faire la conversion, observant seulement que si on désirait connaître la plus petite fraction que rendrait la conversion d'une petite mesure, il faudrait employer tous les chiffres qui composent le nombre convenable pour opérer cette conversion.

Il existe des erreurs dans les traités sur les nouveaux poids et mesures, faits par ordre du Gouvernement ; ces erreurs sont dans les capacités et longueurs de quelques anciennes mesures, et en font généralement commettre de très-grandes dans les conversions des anciennes mesures en nouvelles ; les auteurs de ces ouvrages n'ont porté la capacité de la pinte de Paris qu'à 46 pouces cubes 1641 lignes cubes $\frac{4}{10}$ mes, tandis qu'elle est de 48 pouces cubes ; ils ont porté la capacité du boisseau de Paris, à 655 P^ces cubes $\frac{74}{100}$ mes, tandis que le boisseau d'étape mesure quarrée, qui était celui de Paris, était de 8 pouces de largeur sur 10 de profondeur, ce qui ne fait que 640 pouces cubes.

Les Tableaux comparatifs que le Département de la Loire-Inférieure fit imprimer en l'an 9, portent l'aune de Paris à 1 mètre 191 mm., ce qui correspond à 3 pieds 8 pouces de longueur, et qui est bien conforme à l'étalon qui est à Nantes ; mais comme l'étalon de Paris est celui sur lequel on doit opérer, l'aune de Paris n'est réellement que de 3 pieds 7 pouces 10 lignes ½ et se rapporte à 1 mètre 188 mm

Ces mêmes Tableaux portent l'ancien boisseau de Nantes à 446 *pouces cubes*, *cependant celui qui est déposé à la Préfecture, a de profondeur* 7 *pouces* 10 *lignes*, *et de diamètre* 8 *pouces* 6 *lignes*, *ce qui fait suivant l'opération ci-après qui est la plus courte* 444 *pouces cubes* 1177 *lignes cubes* $\frac{5}{7}$*èmes*, *ce qui correspond à* 0, *décalitre* 8820875.

8 *pouces* 6 *lignes de diamètre*

Je multiplie par 12, *pour réduire les pouces en lignes et j'y ajoute les* 6 *lignes.*

102 *lignes*

Je multiplie par 102 *même nombre de lignes*

204

102..

10404 *dont je déduis les* $\frac{3}{14}$*mes*

2229 $\frac{1}{7}$ { 1486 $\frac{2}{7}$ *pour* $\frac{2}{14}$*mes ou* $\frac{1}{7}$*me*
743 $\frac{1}{7}$ *pour* $\frac{1}{14}$*me ou la* $\frac{1}{2}$ *du* $\frac{1}{7}$*me*.

Lignes 8174 $\frac{4}{7}$ème

Je multiplie par 94 *lignes de profondeur*

32695

73566

53 $\frac{5}{7}$*mes pour les* $\frac{4}{7}$*èmes*

7 pouces 10 lignes de profondeur
par 12 pour réduire en lignes
94

Lignes 768409 $\frac{5}{7}$ème { 1728 *diviseur*, *pour réduire en pouces cubes*
444 *pouces cubes.*

7720

8089

Reste 1177 *lignes cubes* $\frac{5}{7}$*mes*

RAISONNÉ SUR LES SUSDITES ERREURS.

Le Dictionnaire Encyclopédique, édition de Genève, lettre M. tom. 22, page 509, *et lettre* P. page 951, *porte la pinte de Paris à* 48 *pouces cubes.*

Par un Arrêt du Conseil du 8 *mai* 1742, *le Roi ordonna que le Tarif de la Jauge des Vaisseaux*, *approuvé par l'Académie*, *le* 9 *avril précédent*, *servirait de régle pour les Droits d'Aides*, *et ce Tarif*, *imprimé*, *établit la pinte de Paris à* 48 *pouces cubes*, *et le muid de* 288 *pintes*, *à* 8 *pieds cubes.*

La Commission temporaire des Poids et Mesures, *en l'an* 2, *porta la pinte à* 48 *pouces cubes.*

En l'an 9, *une Commission porta la pinte de Paris à* 46 *pouces* 1641 *lignes cubes* $\frac{6}{10}$*èmes*; *bien que cette Commission fut composée d'hommes éclairés*, *il est certain* que ceux qu'elle peut avoir chargé de faire cette vérification, ont fait erreur: il n'est pas à croire que ce soient eux-mêmes qui l'aient faite.

L'étalon en cuivre, de la pinte, déposé aux archives de la Mairie de Nantes, et les mesures en étain que l'on a fait venir de Paris, marquées à Paris, toutes de même capacité, donnent chacune 48 pouces cubes d'eau versée dans un vase en bois, de 48 pouces cubes, vérifié au pied étalon (en cuivre,) déposé auxdites archives, chacune donne pour poids de son contenu d'eau commune et claire 1 liv. 15 onces 1 gros 48 grains, et d'eau de pluie 1 liv. 15 onces 0 gros 70 grains, ce qui est bien positivement le produit de 48 pouces cubes, chaque pouce d'eau de pluie pesant 5 gros 13 grains $\frac{4626}{10000}$èmes

La capacité d'une pinte de 48 pouces cubes se rapporte métriquement à 0, litre 952146
Celle d'une velte ou septier de 8 pintes à . . . . 7, litres 617168
Celle de la barrique Nantaise, de 30 veltes ou 240 pintes à . à 228, litres 515040

C'est sur ce rapport que l'on opère à Nantes; si la vérification faite en l'an 9, par la Commission était juste, pourquoi le Gouvernement laisserait-il opérer les Octrois, les Douanes et les Droits Réunis à Nantes, par 2 hectolitres 28 litres pour la barrique de 240 pintes, tandis que sur le pied de 46 pouces 1641 lignes cubes $\frac{4}{10}$èmes pour la pinte, la barrique Nantaise ne contiendrait que 2 hectolitres 23 litres 516 millilitres; il faut de l'uniformité dans les poids et mesures, ainsi on ne doit pas opérer à Paris différemment que dans les autres Départements.

Si l'étalon de la pinte de Paris n'était que de 46 pouces cubes, $\frac{21}{100}$èmes son plein d'eau distilée, ou de pluie, ne devrait peser que 0, hectogramme 93132. Si à la vérification le poids se trouve être de 0, hectogrammes 952146, on ne pourra plus douter que sa capacité soit de 48 pouces cubes.

Que l'on fasse faire un cylindre en cuivre (mesuré au pied de l'étalon,) de 3 pouces de diamètre sur 6 pouces 9 lignes $\frac{1}{2}$ de longueur, ce qui fait 48 pouces cubes, si l'eau que ce cylindre chassera d'un plus grand vase, se remplace par le contenu de la pinte de Paris, on ne pourra plus douter qu'elle soit de 48 pouces cubes.

En l'an 2, la Commission temporaire des Poids et Mesures, porta le boisseau de Paris à 640 pouces cubes, de même que le Manuel de Tarbé en l'an 8.

Tous les boisseaux des étapiers étaient aussi de 640 pouces cubes.

La Commission qui opéra en l'an 9, est la seule qui l'ait porté à 655 pouces cubes $\frac{21}{100}$mes. Une sentence du Prevôt de Paris, relatée dans le Dictionnaire Encyclopédique lettre B, tom. 5, page 28, porte le boisseau de Paris à 644 pouces cubes, ce qui rapproche bien de 640.

Si le Gouvernement voulait encore une fois ordonner la vérification de ces diverses Mesures, il ferait un acte de bienfaisance pour le Commerce, qui ne doit opérer que sur des bases uniformes, qui ne peuvent faire naître aucunes difficultés; au premier coup-d'œil, ces différences semblent être minutieuses, mais sur une forte partie de Marchandises, elles sont considérables.

NOMENCLATURE SYSTÊMATIQUE,

Origine et Rapports des Poids et Mesures.

LES nouveaux Poids et Mesures ont une base unique prise dans la nature, elle est établie sur la distance de l'équateur au pôle boréal qui a donné 5,130,740 toises faisant 30,784,440 pieds, qui, divisés par 10,000,000 de mètres ont donné 3 pieds 0 pouce 11 lignes $\frac{296}{1000 \text{ èmes}}$ pour la valeur définitive de l'unité fondamentale appelée MÈTRE.

Le mètre est donc la dix-millionnième partie du quart du Méridien terrestre. Toutes les autres mesures sont basées sur le mètre qui est toujours mètre pour les mesures itinéraires, linéaires, superficièles, cubiques ou solides; le stère, pour la cubature des bois, le litre pour les mesures de solidité et de capacité, et le kilogramme pour les poids, sont tous calculés sur la longueur du mètre.

Telle est l'origine des nouveaux Poids et Mesures dont toutes les dénominations primitives ne sont composées que des douze mots ci-après; je ferai ensuite connaître les dénominations en usage dans le Commerce et les Administrations.

Dénominations

Des unités fondamentales des nouveaux Poids et Mesures.

Mètre Are Stère Litre Gramme.

DÉNOMINATIONS des augmentations progressives de dixaines en dixaines qui s'ajoutent par la gauche aux unités; observant qu'il faut supprimer la dernière voyèle à ces quatre mots pour ajouter aux ares :

Myria	Kilo	Hecto	Déca
ou 10,000	ou 1000	ou 100	ou 10

DÉNOMINATIONS des diminutions progressives de dixaines en dixaines, qui s'ajoutent par la droite aux unités :

Déci	Centi	Milli
ou dixième	ou centième	ou millième.

Telle est la position de ces diverses dénominations ajoutées aux mètres :

Miriamètres.	*Kilomètres.*	*Hectomètres.*	*Décamètres.*	*Mètres.*	*Décimètres.*	*Centimètres.*	*Millimètres.*
3	6	1	7	5	9	2	4

Les chiffres qui passent après les millimètres sont des dixièmes, centièmes, millièmes etc. de millimètre.

Les MÈTRES sont une mesure itinéraire et linéraire ; dans le premier cas les Myriamètres remplacent les lieues, les mètres remplacent les brasses marines et les pas géométriques ; dans le second cas les mètres remplacent les toises et les aunes et les décimales ou fractions des mètres remplacent les pieds, les pouces et les lignes.

POUR LES MESURES LINÉAIRES.

LES	Décimètres. Centimètres. Millimètres.	peuvent être appelés	Palmes, Doigts. Traits.

Suivant l'usage ou compte	Pour les aunages par 10,100, et 1000 mètres. Pour les distances de chemins par myriamètres ou lieues et kilomètres ou milles.

Les ARES sont une mesure agraire, ils remplacent les arpens et journaux, on les emploie pour mesurer la surface d'un terrein. L'are vaut 10 mètres de côté ou 100 mètres carrés, l'hectare vaut 100 ares.

L'Hectare, L'Are et le Centiare	peuvent être nommés	Arpens, Perches et Mètres carrés.

Le STÈRE qui est un mètre cube, est une mesure de solidité, il remplace la corde et la voie pour le bois de chauffage et les pieds cubes ou solives pour le bois de charpente. On ne compte suivant l'usage que par stères et centistères sans autres dénominations.

Le LITRE qui est un décimètre cube dans le vide, est une mesure de capacité pour les liquides et les matières sèches qui ordinairement se vendent à la mesure et non au poids. Pour les boissons, le litre remplace la pinte et on ne compte que par hectolitres et litres sans autres dénominations, suivant l'usage ; cependant on peut

nommer	Le Décalitre—Velte. Le Litre—Pinte. Le Décilitre—Verre.

Pour la chaux et le charbon de terre, les hectolitres remplacent la barrique.

Pour les grains, les décalitres remplacent le boisseau, suivant l'usage à Nantes, on compte par tonneau de 10 septiers et septier de 15 boisseaux ou décalitres ; suivant la loi on compte par

Muid ou Kilolitre.	de 10	Septiers ou Hectolitres.	et par	Septiers ou Hectolitres.	de 10	Boisseaux ou Décalitres.

Les GRAMMES sont les nouveaux Poids ;

Suivant l'usage on compte par	Kilogrammes, Hectogrammes Décagrammes, Grammes, Décigrammes.	Ces Noms peuvent être remplacés par ceux de	Livres, Onces, Gros, Deniers, Grains.

Le kilogramme est le poids d'un volume d'eau distilée contenue dans le vide d'un décimètre cube et à la température de la glace fondante; il pése 2 livres 0. once 5 gros 35 grains $\frac{15}{100 \text{ èmes}}$ poids de marc.

100 kilogrammes forment le nouveau quintal et 1000 kilogrammes forment le nouveau millier, ce dernier nombre correspondant à quelques onces prés, à 2043 lb. poids de marc, remplace le tonneau de mer.

INSTRUCTIONS

Sur le systême Décimal.

ON appèle décimales, ou fractions décimales, ou chiffres fractionnaires, les parties d'un tout divisé en dixièmes, centièmes, millièmes, dixmillièmes, etc.

Si l'on veut porter des décimales après des unités simples, on place une virgule après ces unités, comme 35, ^{mètres} 77 ^{centimètres} qui se portent ainsi : $35,^{m}77$.

Si l'on veut porter des décimales qui n'aient pas d'unités, comme 423 millimètres, on les met après un zéro, qui désigne la place des unités et une virgule ensuite, comme $0,423.^{mm}$

Si aux décimales, il ne se trouvait pas de dixièmes, ou déci-; comme huit centièmes de mètres, on les porterait ainsi $0,^{m}08.^{c}$

S'il ne se trouvait ni dixièmes, ni centièmes de mètres, comme 7 millimètres 859 millièmes de millimètre, on les porterait ainsi : $0,^{m}007.^{mm}859$, les zéros que l'on ajoute à la gauche de ce dernier nombre, désignent la place de chaque augmentation progressive de dixaines; en commençant par la gauche le premier zéro désigne la place où seraient les unités de mètres, le second zéro désigne la place des décimètres, le troisième zéro, désigne la place des centimètres, enfin le 7 désigne le nombre des millimètres.

Si pour mettre 7 francs 8 centimes on posait $7^{f.}8$ on serait dans l'erreur, car cela ferait 7 francs 8 décimes ou 80 centimes, on doit placer ainsi cette première somme $7^{f.}08$. On voit par cet exemple combien il est essentiel de ne pas oublier les zéros à la gauche des décimales et les virgules.

On peut ajouter ou retrancher à la droite des décimales autant de zéros que l'on veut, sans que cela puisse augmenter ou diminuer la valeur de ces décimales.

On peut se dispenser de mettre le nom au-dessus de chaque décimale, il suffit de le mettre à l'unité comme $3,^{m}575$ ce qui signifie 3 mètres 5 décimètres ou palmes, 7 centimètres ou doigts, 5 millimètres ou traits.

Pour faire une addition on ajoute successivement aux nombres de gauche toutes les dixaines retenues, *Exemple* :

7389,[Stéres]	29 c.
3178,	75
1329,	47
11897,	51.

Pour faire une soustraction, lorsqu'un chiffre ne contient pas assez de nombres pour être soustrait par le chiffre de dessous, on emprunte une dixaine à la gauche, *Exemple :*

205,[Arpens]	02, [Porches]	41[Mètres carrés].
172,	57,	7
32,[Arp].	44,[Per].	71[Mè. car].

La multiplication des nombres avec fractions décimales, se fait comme celle des nombres entiers les uns par les autres sans avoir égard aux décimales, en observant de retrancher au produit autant de chiffres de droite qu'il y a eu de décimales dans le multiplicande et dans le multiplicateur.

Le placement des virgules à la multiplication désigne le nombre de chiffres de droite à retrancher à la droite au produit ; les zéros qui se trouvent à la droite des nombres après la virgule comptent pour autant de chiffres à retrancher au produit, *Exemple :*

On veut savoir combien font 43,[Mèt]85 centimètres de drap à 21 francs 05 centimes le mètre

```
        21,f. 05.
      ---------
          21925
         4385..
        8770...
      ---------
      923,0425
```

923,0425 comme il se trouve à cette régle 4 décimales, c'est-à-dire 2 au multiplicande et 2 au multiplicateur, y compris un zéro qui marque la place des décimes, on retranche par une virgule 4 figures de droite au produit pour trouver les francs, les deux suivantes à la droite sont les centimes et les deux autres ensuite sont les centièmes de centimes qui se négligent dans la comptabilité ; le produit est donc 923 francs 04 centimes 25 centièmes de centimes.

Suivant l'usage on néglige l'expression des décimes, on ne compte que par francs et centimes.

Si l'on veut multiplier un nombre par 10 il suffit de reculer la virgule d'un chiffre sur a droite; par 100, de 2 chiffres à droite, par 1000 de 3 chiffres à droite, etc.

La division des nombres peut-être portée jusqu'à la plus petite quantité d'objets que l'on veut trouver au produit, s'il se trouve des décimales au dividende ou nombre à diviser, on les abaisse successivement; s'il ne se trouve point de décimales et qu'on cherche au produit, on abaisse successivement au-dessous du dividende autant de zéros que l'on veut de décimales au quotient, ou produit

Exemples :

182,Mètres 783Millimètres	48 / 3,m 807mm	182,Mètres	48 / 3,m 791mm
38 7		380	
o 383		440	
47 de reste.		80	
		32 de reste.	

On pourrait diviser ces restes jusqu'à l'infini en continuant, à descendre des zéros. Si l'on veut prendre le $\frac{1}{10^{me}}$ d'un nombre, il suffit d'avancer la virgule d'1 chiffre à gauche, pour $\frac{1}{100^{me}}$ d'avancer la virgule de 2 chiffres à gauche, pour $\frac{1}{1000^{me}}$ d'avancer la virgule de 3 chiffres à gauche, etc.

Pour la division ou la règle de trois, lorsque l'on a un nombre à diviser par une somme ou un autre nombre qui contient des décimales, il faut en plaçant sa division ajouter au dividende qui est à gauche, autant de zéros qu'il se trouve de chiffres fractionnaires au diviseur qui est à droite.

Exemple :

Si 43 mètres 225 millimètres de drap coûtent 1293, francs 45 centimes, combien 1 mètre.

Je multiplie par—1. *pro forma*

1293,45000	43m 225mm / 29,f 92c
428950	
399250	
102250	
15800 reste.	

Preuve :

43,^{m}. 225

Si un mètre coûte 29,^{f} 92^{c}, combien 43^{m} 225^{mm}

86450
389025.
389025. .
86450 . . .
15800 reste de la régle que l'on porte ainsi à la preuve.

1293,45000

Il est inutile de diviser par 1 ; ayant à la multiplication 5 chiffres fractionnaires, je retranche au produit 5 figures pour avoir des francs, et les deux premières figures de gauche retranchées sont les centimes ; mais si j'avais à diviser par plusieurs nombres je retrancherais 3 chiffres au produit de la multiplication ayant au multiplicande 3 chiffres fractionnaires, ce qui me produirait à la division des francs et des centimes.

CONVERSIONS

Conversions des Fractions Anciennes en Fractions Décimales et des Décimales en Anciennes.

J'AI déjà dit que les fractions décimales s'établissent de dixaines en dixaines, une

unité fait en fraction décimale 1,0

ainsi la $\frac{1}{2}$ (ancienne fraction) fait 0,5

le $\frac{1}{4}$ —— *idem* —— fait 0,25

le $\frac{1}{5\text{ ème}}$ —— *idem* —— fait 0,2

le $\frac{1}{8\text{ ème}}$ —— *idem* —— fait 0, 125

les $\frac{3}{4}$ —— *idem* —— font 0, 75

les $\frac{7}{8\text{ ème}}$ —— *idem* —— font 0, 875

le $\frac{1}{3}$ —— *idem* —— fait 0, 3333

le $\frac{1}{6\text{ ème}}$ —— *idem* —— fait 0, 1666

le $\frac{1}{7\text{ ème}}$ —— *idem* —— fait 0, 142857

le $\frac{1}{9\text{ ème}}$ —— *idem* —— fait 0, 1111

les $\frac{2}{3}$ —— *idem* —— font 0, 6666

le $\frac{1}{20\text{ ème}}$ —— *idem* —— fait 0, 05

le $\frac{1}{25\text{ ème}}$ —— *idem* —— fait 0, 04

le $\frac{1}{30\text{ ème}}$ —— *idem* —— fait 0, 03333

le $\frac{1}{40\text{ ème}}$ —— *idem* —— fait 0, 025

le $\frac{1}{50\text{ ème}}$ —— *idem* —— fait 0, 02

le $\frac{1}{60\text{ ème}}$ —— *idem* —— fait 0, 01666

le $\frac{1}{70\text{ ème}}$ —— *idem* —— fait 0, 0142857

le $\frac{1}{100\text{ ème}}$ —— *idem* —— fait 0, 01

On peut pousser aussi loin que l'on veut les fractions décimales qui ne correspondent pas parfaitement aux fractions anciennes.

Abréviations en usage dans le Commerce et les Administrations.

Dégré Décimal . . . . *d.d.*	Myriagramme. . . . . *my.g.m.*
Myriamètre . . . . *my.m.t.*	Kilogramme . . . . *k.g.m.*
Kilomètre. . . . . *k,mt.*	Hectogramme. . . . . *h.g.m*
Hectomètre. . . . . *h.m.t.*	Décagramme . . . . *déca.g.m.*
Décamètre. . . . . *déca.mt.*	Gramme . . . . *g.m.*
Mètre. . . . . *m.t.*	Décigramme . . . . *déci.g.m.*
Décimètre. . . . . *décim.t*	Centigramme . . . . *c.g.m.*
Centimètre. . . . . *c.m.t*	Milligramme . . . . *m.g.m.*
Millimètre. . . . . *mi.m.t*	Palme . . . . *p.m.*
Quarré . . . . *q.*	Doigt. . . . . *doi.*
Cube . . . . *c.*	Trait . . . . *t.t.*
Arpent . . . . *arp.*	Minute . . . . ,
Perche . . . . *p.*	Seconde. . . . . ,,
Are . . . . *a.*	Toise. . . . . *t.*
Hectolitre. . . . . *h.*	Pied . . . . *pi.*
Décalitre. . . . . *décal.*	Pouce . . . . *po.*
Litre. . . . . *l.*	Ligne . . . . *lig.*
Décilitre . . . . *décil.*	Livre (Poids). . . . . . . *lb.*
Centilitre. . . . . *c.l.*	Once. . . . . *on.*
Solive . . . . *s.v.*	Gros. . . . . *gro.*
Stère. . . . . *s.t.*	Denier. . . . . *d.*
Décistère. . . . . *déc.st.*	Grain . . . . *gr.n.*
Centistère. . . . . *c.st.*	Livre tournois. . . . . . . ++
	Sol . . . . *s.*
	Denier. . . . . *d.*
	Franc . . . . *fr.*
	Centime . . . . *c.m.*
	Aune . . . . *au.*

NOUVELLES MÉTHODES

POUR LES CONVERSIONS

Des nouveaux Poids et Mesures en anciens, des anciens en nouveaux, des Francs en Livres Tournois et des Livres Tournois en Francs.

J'AI établi trois méthodes, on choisira celle que l'on trouvera plus facile, la première est une multiplication pour convertir les nouveaux poids et mesures en anciens ou une division pour convertir les anciens en nouveaux.

La troisième est une multiplication pour convertir les anciens poids et mesures en nouveaux, ou une division pour convertir les nouveaux en anciens et par des nombres différents qu'à la première méthode.

Les nombres que je donne pour opérer ces conversions vont en général jusqu'à la dix-millième partie de chaque unité, mais si l'on ne veut que des rapports approximatifs, on peut négliger plusieurs chiffres de droite, observant que le placement des virgules aux multiplications désigne le nombre de chiffres fractionnaires à retrancher au produit; et que pour les divisions il faut ajouter au dividende ou nombre à diviser autant de zéros que l'on emploie de chiffres fractionnaires après la virgule au diviseur. Pour les multiplications, il est plus court de placer le plus fort nombre en dessus et le plus faible en dessous.

Pour les rapports approximatifs lorsque la première décimale de gauche au produit de la multiplication dépasse 5, on porte au produit une unité de plus.

La seconde méthode présente de très-courtes opérations, elle consiste à ajouter plusieurs parties d'une quantité de nombres à la même quantité, ou à diminuer plusieurs parties d'une quantité de nombres de la même quantité : les personnes peu habituées à faire des divisions, préféreront sans doute cette seconde méthode à la première, elle peut être suivie lorsque l'on n'a à opérer que pour des nombres composés de 3 ou 4 chiffres; parce que ceux qu'elle produit ne sont qu'approximatifs.

Conversions des Francs en Livres Tournois.

Pour convertir les francs en livres tournois je donne quatre méthodes à choisir; la première qui peut s'opérer de deux manières est d'ajouter aux francs 1 et $\frac{1}{4}$ pour cent.

Exemples :

Convertir en livres tournois

4735,f·76c

Poser la somme en reculant de deux chiffres 47, 3576

Prendre le ÷ 11, 8394

Livres 4794, 9570

Multiplier ces 4 figures pour avoir des sols par 20

sols 19/1400

Multiplier pour avoir des deniers par 12

d· 1/6800

Produit 4794l· 19s· 1d.

La 2.me est de multiplier les francs par 81 et de diviser le produit par 80.

Exemple :

francs, 4735, 76 centimes.

81

4735, 76
378860, 80

383596, 56 { 80
4794f· 957

635 Multiplier ces 3
759 deniers pour
396 avoir des sols
765 par 20

456 sols 19/140
560 multiplier par 12
000 d· 1/680

Convertir en livres tournois

4735 f· 76.c

Prendre le ÷— 1183, 94

Poser la 1.re somme en avançant de 2 chiffres 473576,

Livres 4794/95 70

Multiplier ces 4 figures pour avoir des sols par 20

Sols 19/14 00

Multiplier pour avoir des deniers par 12

d· 1/68 00

Produit 4794l· 19s· 1d.

La 3.me est de diviser les francs par 80 et d'ajouter les francs au produit du quotient.

Exemple :

Francs 4735 76c· { 80

735 59, 197
157 4735 76

776 4794l· 957
560 multiplier par 20
000

19/140
multiplier par 12

La 4.me est d'ajouter le ÷ 1/680
en chassant d'1 chiffre à droite

4735 76
59 197

4794 957
20

19/140
12

1/680

Conversion des Livres Tournois en Francs.

POUR convertir les livres tournois en francs, je donne trois méthodes à choisir :

La première est de déduire des livres après avoir changé les sols et deniers en centimes ; le $\frac{1}{9^{me}}$ et le $\frac{1}{9^{me}}$ du 9me effacer le premier 9me et soustraire le deuxième 9me du montant des livres tournois.

Exemple :

4794 l. 19 s. 1 d.

Pour changer les sols en fractions décimales, les multiplier par 5

95

Pour 1d. prendre le $\frac{1}{12^{me}}$ de 5 c. 00 41

4794, 9541

le $\frac{1}{9^{me}}$ — 532 7716 que l'on efface

le $\frac{1}{9^{me}}$ du $\frac{1}{9^{me}}$ 59 1969 que l'on soustrait.

francs 4735,7572

Il y a une petite différence avec les régles ci-contre, parce que j'ai négligé les restes à la régle ci-contre qui ne sont que des parties de deniers pour les preuves.

Je pourrais donner pour ces diverses conversions quelques autres méthodes, mais j'ai pensé que le nombre de celles-ci était suffisant.

La seconde est de multiplier les livres par 80, de prendre dans ce nombre pour les sols et deniers que l'on réduit en décimales et de diviser le produit par 81.

Exemple :

4794 l. 19 s. 1 d.
80

383520
Pour 18s. — 72
Pour 1s. — 4
Pour 1d. le $\frac{1}{12^{ème}}$, 33

383596,33 { 81 — Francs c. 4735 75

595
289
466
613
463
58 reste.

La troisième est de diviser les livres par 81 et de déduire de la somme ce que donne le quotient.

Exemple :

4794 l. 19 s. 1 d.

Multiplier les sols pour avoir des centimes par 5

95

Pour 1.d le $\frac{1}{12^{me}}$ de 5 c. 41

4794,9541 { 81 — 59, 1969

744 4794, 9541
15,9 4735,75,72. (Francs. Centimes.)
785
564
781
52 reste

Pour convertir les mètres en brasses marines pour la profondeur de la mer ou en pas géométriques, il faut les multiplier par 0,61569 et retrancher 5 figures au produit, s'il se trouvait d'autres décimales à la tête de la multiplication, ce serait autant de figures à retrancher de plus.

Pour convertir les brasses marines, ou les pas géométriques en mètres, il faut y ajouter autant de zéros qu'il se trouve de décimales au diviseur et diviser par 0,61569.

On veut savoir combien 19 mètres 47 centimètres font de pas géométriques ou de brasses marines.

```
   0,61569
     19.47
----------
   430983
  246276 .
 554121. .
 61569.  .
----------
11,9874843
```

Brasse ou Pas.

Les sept figures retranchées sont des parties de brasses ou pas, mais pour un rapport approximatif, cela passe pour 1 brasse de plus, parce que la première décimale de gauche dépasse 5.

On veut savoir combien 11 brasses ou pas géométriques, et 9874843 parties de brasses ou pas font de mètres :

```
    m
11,9874843   { 0,61569
             { 19.47
-----------------------
583058
 289374
  430983
   00000
```

Mètres. Centimètres.

J'ai porté au dividende 2 décimales de plus qu'au diviseur, parceque je voulais trouver deux décimales de mètre au produit.

2.me *Methode par approximation.*

Il faut soustraire des mètres le $\frac{1}{3}$ et le $\frac{1}{6me}$ du $\frac{1}{3}$.

```
19, mètres 47
 7,        57 { 6,  49 pour 1/3
              { 1,  08 pour 1/6me du 1/3
-------------------------------------
11         90 100èmes de brasses ou pas.
```

Brasses ou pas géométriques

2.me *Méthode par approximation.*

Il faut ajouter aux brasses ou pas géométriques la $\frac{1}{2}$ et le $\frac{1}{4}$ de la $\frac{1}{2}$.

Brasses ou pas. parties de brasses ou pas.

```
11,9874843.
 5,9937421. pour 1/2
 1,4984355. pour le 1/4 de la 1/2
-----------
19,4796619,
```

Mètres.

Pour convertir les mètres en toises, il faut les multiplier par 0,513 et retrancher au produit autant de figures qu'il se trouve de décimales au multiplicande et au multiplicateur, après les virgules.

Pour convertir les toises en mètres, il faut y ajouter autant de zéros qu'il y a de décimales au diviseur et que l'on veut en trouver au produit, et diviser par 0,513.

Si l'on veut un juste rapport il faut multiplier ou diviser par 0.513074.

On veut savoir combien 9 hectomètres 5 décamètres 3 mètres 47 centimètres font de toises.

953,^{m}47^{c}
0,5. 13
2860 41
9534 7 .
476735 . .

Toises 489.13011

Multiplier le reste par 6 pour trouver les pieds.

,78066

Multiplier par 12 p. trouver les pouces.

Pouces 9, 36792

Multiplier par 12 pour trouver les lignes.

Lignes 4, 41504

Ou 489 toises 0 pieds 9 pouces 4 lignes, le reste négligé.

Si l'on veut réduire les mètres en pieds, en pouces ou en lignes, il faut opérer par le même nombre et comme ci-dessus, néanmoins pour les petites mesures linéaires je donnerai ci-après d'autres nombres pour opérer.

On veut savoir combien 489 toises 0 pieds 9 pouces 4 lignes font de mètres.

Il faut d'abord reduire les parties de toises en fractions décimales ainsi :

toises
489,00000 auxquelles j'ai ajoutés 5 zéros.

Le ⅙ p. 1 pied supposé 16666 dans une unité de toise.
La ½ pour 6 pouces 8333
La ½ pour 3 pouces 4166
Le ⅑ pour 4 lignes 462

Rapport du reste des lignes qui a été négligé à la régle. } 50 { Je ne porte ce reste que parce que c'est une preuve.

489,13011 { 0,513 / 953 mètres 47 centimè.

2743
1780
2411
3591
000

2.me *Méthode par approximation.*

Il faut prendre la ½ des mètres le ¼ de la ½ en chassant, le ⅓ du ¼ en chassant et le cinquième du ⅓.

953,^{m} 47.^{e}
476, 7350 — pour la ½.
11, 9183 75 pour le ¼ de la ½ en chassant.
3972 79 pour le ⅓ du ¼ en chassant.
794 55 pour le 5.me du ⅓.
489, 130109 pour réduire ce reste en pieds, pouces et lignes, il faut opérer comme ci-dessus à l'autre méthode.
Toises.

2.me *Méthode par approximation.*

Il faut doubler le nombre des toises et soustraire du tout la ¼ du nombre des toises en chassant le ⅛ de la ¼ et le même nombre chassé d'un chiffre.

489 toises 13$^{me}_{100}$ partie de toise
489, 13
978, 26
24, 7927 { 24,4565 pour ¼ en chassant. / 3057 et ⅛ de la ¼ en chas. / 305 le même nombre en chassant d'un chiffre.
953, 4673
Mètres. Millim.

Pour convertir les mètres en pieds pour taille de l'homme ou autres mesures linéaires, il faut les multiplier par 3,07844 et retrancher au produit autant de figures qu'il se trouve de décimales au multiplicande et au multiplicateur après les virgules.

Pour convertir les pieds en mètres il faut y ajouter autant de décimales qu'il s'en trouve au diviseur et que l'on veut en trouver au produit et diviser par 3,07844.

Si l'on n'a besoin que d'un rapport approximatif, on peut opérer par 3,08.

On veut savoir combien 1 mètre 80 centimètres font de pieds :

```
                 3,07844
                    1,80
                --------
                24627520
                307844..
                --------
Pieds           5,5411920
Multiplier par         12  pour trouver les pouces.
                ---------
     Pouces     6,4943040
Multiplier par         12  pour trouver les lignes.
                ---------
     Lignes     5,931 6480
```

Ou 5 pieds 6 pouces 6 lignes, il se trouvera une petite différence à la preuve, parce que nous estimons ce reste pour 1 ligne de plus.

On veut savoir à combien 5 pieds 6 pouces 6 lignes font de mètres

```
                              Pieds
                            5,0000000  auxquels j'ai ajouté
                                       7 zéros, parce qu'il y
                                       a 5 décimales au di-
                                       viseur et que je veux
                                       trouver deux décima-
                                       les au produit.
La ½ d'une unité
  Pour 6 pouces              5000000 un pied avec 7 zéros,
                                     fait 1,0000000
Le 1/12 pour 6 lignes         416666 dans le produit de 6 po.
                           ----------      3,07844
                           5,5416666  {       1,80
                           ----------   ------------
                            2463226        Mètres.
                             0004746       Centimètres
```

2.me *Méthode par approximation.*

Il faut tripler les nombres métriques y ajoutant le ¼ du produit en chassant et la ½ du ¼. en chassant

```
          1,m 80.c
               3
          -------
          5, 40
              135 le ¼ en chassant
               67 la ½ du ¼ en chassant
          -------
Pieds     5, 5417
          -------
          Par  12
          -------
Pouces    6, 5004
          Par  12
          -------
Lignes    6, 0048
```

2.me *Méthode par approximation.*

Il faut réduire les pouces et les lignes en fractions décimales prises dans 1 pied, prendre le ⅓ et déduire le ¼ du ⅓ en chassant.

```
Pour 5 pieds—                      5
Pour 6 pouces la ½ d'1 pied—5.
Pour 6 lignes la 1/12me        04166
                             -------
                             5,54166
                             -------
Prendre le ⅓                  184722
Soustraire le ¼ en chassant     4618
                             -------
                             1,80104
                             Mètres.
                             Centimètres
```

Pour convertir les { Décimètres ou palmes, en pouces, / Mètres, en pouces } { il faut les multiplier par 3,69413 / il faut les multiplier par 36,9413 } et retrancher au produit autant de figures qu'il se trouve de décimales au multiplicande et au multiplicateur, après les virgules.

Pour convertir les pouces en décimètres, il faut y ajouter autant de décimales qu'il s'en trouve au diviseur et que l'on veut en trouver au produit et diviser par 3,69413.

Si l'on n'a besoin que d'un rapport approximatif, il faut opérer par 3,69 ou par 3,694.

On veut savoir combien 9, décimètres 5 centimètres font de pouces ;

```
                3,69413
                    9,5
               --------
                1847065
               3324717.
               --------
Pouces        35,094235  je retranche 6 chif-
                         fres, parce qu'il y a
                         5 décimales au mul-
                         tiplicande et 1 au
                         multiplicateur.
Pour trouver des
lignes, je multi-
plie le reste par    12
               --------
ligne          1,130820
               --------
```

On veut savoir combien 35 pouces 1 ligne et 130820 $\frac{}{1000000}$me font de décimètres

```
        Pour 35 pouces— 35,000000
     Pour 1 ligne le 1/12me
d'un pouce, en décimales— 083333
   Pour les parties de ligne
négligées à la règle—      010902
                        ---------
                        35,094235 {3,69414
                        ---------        9,5
                          1847065    Décimètres.
                           000000    Centimètres.
```

2.me *Méthode par approximation.*

Il faut tripler les nombres métriques, y ajouter le 5me du tout, le 7me du 5me et le 10me du 7me

9me. 5m.m.t.

```
Je multiplie par       3
                 -------
                 28, 5
                  5, 7     pour 1/5me
                     8142  pour le 1/7me du 5me
                      814  pour le 1/10me du 7me
                 -------
Pouces           35, 0956
Le reste par            12 p. trouver les lignes.
                 -------
ligne             1,1472
```

2.me *Méthode par approximation.*

Après avoir ajouté aux pouces les lignes en fractions décimales, on en prend le $\frac{1}{4}$ sans chasser et le $\frac{1}{5}$me en chassant, et le $\frac{1}{5}$ du 5me en chassant.

```
                          35, pouces
Le 1/12me d'1 pouce
pour une ligne            ,0833    Je néglige les par-
                        -------    ties de ligne.
                        35,0833
                        -------
                          87708 pour 1/4
                           7016 pour 1/5 en chassant.
                            237 p. 1/5 du 1/5 en chassant.
                        -------
                        9,4,9,61
                        Déci. Centi. Milli.
```

Pour convertir les { Centimètres ou doigts, en lignes, il faut les multiplier par 4,43296 / Mètres, En lignes il faut les multiplier par 443,296 } et retrancher au produit autant de figures qu'il se trouve de décimales au multiplicande et au multiplicateur, après les virgules.

Pour convertir les lignes en centimètres ou doigts, il faut y ajouter autant de zéros qu'il se trouve de décimales au diviseur, après la virgule et que l'on veut en trouver au produit et diviser par 4,43296.

Si l'on n'a besoin que d'un rapport approximatif, on peut opérer par 4,43 ou par 4,433.

On veut savoir combien 7 centimètres 5 millimètres font de lignes.

	4,43296
	7,5
	22.6480
	310,3072
Lignes	33,247200

On veut savoir combien 33 lignes $\frac{2472}{10000^{\text{ème}}}$ Font de nombres métriques en centimètres

lignes	
33,247200	{ 4,43296
02 216480	7 Centimètres. 5 Millimètres.
0000000	

2.me *Méthode très-juste.*

Il faut quadrupler les nombres métriques et y ajouter le $\frac{1}{10}$me du produit, le $\frac{1}{13}$me du 10me, et le $\frac{1}{14}$me du $\frac{1}{13}$me.

	centimètres	millimètres
	7	5
Les multiplier par		4
	30,	0
Le 10me	3,	0
Le 13me		230762
Le 14me		16483
	33,247245	
	Lignes.	Parties de ligne.

2.me *Méthode par approximation.*

Il faut prendre le $\frac{1}{5}$me des lignes et des fractions décimales de lignes, le $\frac{1}{8}$me du $\frac{1}{5}$me le $\frac{1}{5}$me du $\frac{1}{8}$me en chassant, et le $\frac{1}{6}$me du $\frac{1}{5}$me.

33 lignes 247245 parties de lignes

Le $\frac{1}{5}$me	6,	649449
Le $\frac{1}{8}$me		831181
Le $\frac{1}{5}$me en chassant		16623
Le $\frac{1}{6}$me		2770
	7,	500023
	Centimètres.	Millimètres.

Pour convertir les mètres quarrés en toises quarrées, il faut les multiplier par 0,263245, et retrancher au produit autant de figures qu'il se trouve de décimales au multiplicande et au multiplicateur, après les virgules.

Pour convertir les toises quarrées en mètres quarrés, il faut y ajouter autant de zéros qu'il se trouve de décimales au diviseur, après la virgule et que l'on veut en trouver au produit et diviser par 0,263245;

Si l'on n'a besoin que d'un rapport approximatif, on peut opérer par 0,263 et $\frac{1}{4}$.

On veut savoir combien 225 mètres quarrés font de toises quarrées, par le rapport approximatif.

	225 m.	
	0,263 $\frac{1}{4}$	
	675	
	1350	
	450..	
	56 25	
Toises	59,231 25	
Multiplier par	36	pour avoir des p.ds quarrés.
	1387 50	
	6937 5.	
P.ds quarrés	8,325 00	
Multipl. par	144	pour avoir des p.ces quarrés.
	1300	
	1300	
	325	
P.ces quarrés	46,800	
Multipl. par	144	pour avoir des lig. quar.
Lig. quarrées	115,200	

Si l'on veut reduire les mètres quarrés, en pieds quarrés, en pouces quarrés, ou en lignes quarrées, on peut opérer par le même nombre et en multiplier les produits comme ci-dessus, néanmoins pour les petites mesures linéaires, je donnerai ci-après d'autres nombres pour opérer.

On veut savoir combien 59 toises quar. $\frac{23125}{100000}$ me, font de mètres quarrés.

	59,23125	263 $\frac{1}{4}$
Pour reduire en $\frac{1}{4}$		par 4 pour reduire en $\frac{1}{4}$.
Comme au divis., par 4		1053
	23692500	225 mètres.
	2632	
	5265	
	0000	

2.me *Méthode.*

Il faut en prendre le $\frac{1}{4}$ la $\frac{1}{2}$ du $\frac{1}{4}$ en chassant la $\frac{1}{4}$ de la $\frac{1}{2}$ en chassant et le $\frac{1}{5}$me de la $\frac{1}{4}$

225 mètres	
56,25	le $\frac{1}{4}$
2 8125	la $\frac{1}{2}$ en chassant
1406	la $\frac{1}{2}$ en chassant
281	le $\frac{1}{5}$.me
59,2312 Toises.	

2.me *Méthode.*

Il faut en prendre le $\frac{1}{3}$ en avançant d'un chiffre sur la gauche le $\frac{1}{8}$me du $\frac{1}{3}$ le $\frac{1}{10}$ du $\frac{1}{8}$ le $\frac{1}{6}$me du $\frac{1}{10}$me et le même nombre reculé de 2 chiffres à droite.

Toises	59,23125	
	197,4375	le $\frac{1}{3}$ en avançant.
	24,6796	le $\frac{1}{8}$me
	2,4679	le $\frac{1}{10}$me
	4113	le $\frac{1}{6}$me
	41	même nombre chassé de 2 chif.
	2250004 Mètres.	

Pour convertir les mètres quarrés en pieds quarrés, il faut les multiplier par 9,47682
Ou pour convertir les décimètres quarrés en pieds quarrés, il faut les multiplier par . . . . 0,0947682 } et retrancher au produit autant de chiffres qu'il y a de décimales au multiplicande et au multiplicateur, après les virgules.

Pour convertir les pieds quarrés en mètres quarrés ou en décimètres quarrés, il faut les diviser par ces mêmes nombres, après avoir ajouté au dividende autant de zéros qu'il y a de décimales au diviseur et qu'on en veut trouver au produit.

Si l'on ne veut qu'un rapport approximatif il faut négliger quelques chiffres de gauche aux dits nombres.

On veut savoir combien 45 mètres quarrés 77 centimètres font de pieds quarrés.

```
   9,47682
     45,77
----------
   6633774
  6633774 .
 4738410 . .
3790728 . . .
-------------
433,7540514   P.ds quarrés.
```

Si l'on veut savoir combien ce reste fait de pouces quarrés, et de lignes quarrées, il faut le multiplier successivement par 144, et par 144 et retrancher chaque fois 7 figures.

2.me *Méthode.*

Il faut porter 10 fois plus que le nombre de mètres et en deduire la $\frac{1}{2}$ du 1.er nombre le $\frac{1}{3}$ de la $\frac{1}{2}$ en chassant, le $\frac{1}{3}$ du $\frac{1}{3}$, le $\frac{1}{6}$^{me} du $\frac{1}{3}$ et le $\frac{1}{3}$ du $\frac{1}{6}$^{me} en chassant.

```
Mètres quar.
  45, 77
--------
 457, 70
                22,885  la 1/2
                  7628  le 1/3 en chassant.
  23, 9457        2542  le 1/3
---------          423  le 1/6me
 433, 7534          14  le 1/3
```

P.ds quarrés.

On veut savoir combien 433 pieds quarrés et $\frac{7540514}{10000000}$^{me} font de mètres quarrés

```
 Pieds
433,7540514 { 9,47682
                45,77
 5468125
 7 297151
  6633774
   000000
```

Pour établir les lignes et les pouces comme fractions décimales de pied, premièrement on ajoute aux lignes un nombre suffisant de zéros pour diviser par 144, de manière que le produit de la division soit composé d'autant de chiffres qu'il faut ajouter de zéros au dividende de la division définitive des pieds; ensuite on divise ce produit en décimales encore par 144 et de la même manière, ce qui produit en dernier lieu les décimales qu'il faut porter à la division définitive.

2.me *Méthode.*

Il faut prendre le $\frac{1}{10}$^{me} des pieds quarrés et des décimales la $\frac{1}{2}$ du $\frac{1}{10}$^{me} en chassant le $\frac{1}{10}$^{me} de la $\frac{1}{2}$, le $\frac{1}{3}$ du $\frac{1}{10}$^{me} en chassant, et le $\frac{1}{4}$ du $\frac{1}{3}$.

```
Pieds 433,7540
      43,3754  le 1/10me
      2,16877  la 1/2 en chassant
        21687  le 1/10me
          722  le 1/3 en chassant
          180  le 1/4
-----------
     45,77006
```

Mètres q. C.m.t.

Pour convertir les mètres quarrés en pouces quarrés, il faut les multiplier par 1364,66
Ou pour convertir les centimètres quarrés en pouces quarrés, il faut les multiplier par 0,136466
} et retrancher au produit autant de chiffres qu'il y a de décimales au multiplicande et au multiplicateur, après les virgules.

Pour convertir les pouces quarrés en mètres quarrés, ou en centimètres quarrés, il faut les diviser par ces mêmes nombres, après avoir ajouté au dividende autant de zéros qu'il y a de décimales au diviseur et qu'on en veut trouver au produit.

On veut savoir combien 93 centimètres 5 millimètres font de pouces quarrés.

```
   0,136466
       93,5
  ---------
     682330
    409398.
   1228194..
  ---------
 12,7595710
```

P.ces quarrés.

Pour voir combien ce reste fait de lignes, il faut le multiplier par 144, et retrancher 7 figures.

2.me *Méthode.*

Il faut y ajouter le $\frac{1}{3}$, le $\frac{1}{11}$me du $\frac{1}{3}$, le $\frac{1}{3}$ du $\frac{1}{11}$me en chassant, le $\frac{1}{8}$me du $\frac{1}{3}$ en chassant et le $\frac{1}{11}$me du $\frac{1}{8}$.

```
  C.m.t.
 93,   5 M.m.t.
 31,   16666 le 1/3
  2,   83333 le 1/11me
        9444 le 1/3 en chassant.
         118 le 1/8me en chassant.
          10 le 1/11me
 -------------
 12,7  59571
```

P.ces quarrés.

Au produit il faut avancer la virgule d'un chiffre sur la gauche.

On veut savoir combien 12 p.ces quar. $\frac{7595710}{10000000}$me font de centimètres quarrés.

```
 12,7595710 { 0,136466
 ----------       93,5
   477631
    682330
    000000
```

Millimètres. Centimètres.

Pour établir les lignes en décimales de pouces, comme au f.° 20.

2.me *Méthode.*

Il faut en prendre les $\frac{2}{3}$ le $\frac{1}{5}$ du $\frac{1}{3}$ et déduire du tout le $\frac{1}{12}$me du $\frac{1}{5}$me en chassant, dont on aura soustrait le $\frac{1}{100}$me

```
 12,759571
 ---------
  4,253190 }
  4,253190 } Pour les 2/3.
    850638   Le 1/5me
 ---------
  9,357018
          ,007088 le 1/12me du 1/5me en chassant.
      7018      70 le 1/100me
 ---------  -------
 93,50000
```

Millimètres. Centimètres.

Il faut avancer au produit la virgule sur la droite d'un chiffre.

Pour convertir les mètres quarrés en lignes quarrées, il faut les multiplier par . . . . 196511, } et retrancher

Ou pour convertir les millimètres quarrés en lignes quarrées, il faut les multiplier par . . . . 0,196511 }

au produit autant de chiffres qu'il y a de décimales au multiplicande et au multiplicateur, après les virgules.

Pour convertir les lignés quarrées en mètres quarrés ou en millimètres quarrés, il faut les diviser par ces mêmes nombres, après avoir ajouté au dividende autant de zéros qu'il y a de décimales au diviseur et qu'on en veut trouver au produit.

On veut savoir combien 9 millimètres 783 millièmes de millimètre font de lignes quarrées.

```
     0,196511
        9,783
   ----------
       589533
     1572088 .
    1375577 . .
   1768599 . . .
   ----------
   1,922467113
```

Ligne quarrée.

On veut savoir combien 1 lig. quar. $\frac{922467113}{1000000000}$me font de millimètres.

```
1,922467113 { 0,196511
              { 9,783
1538681
 1631041
  0589533
   000000
```

Millimètres. Millièmes de millimètre.

2.me *Méthode.*

Il faut prendre le $\frac{1}{5}$me des millimètres et de leurs fractions décimales et en déduire le $\frac{1}{6}$me du $\frac{1}{5}$me en chassant, et la $\frac{1}{2}$ du $\frac{1}{6}$me en chassant.

```
        M.m.t.
        9, 783
       -------
Pour le 1/5me 1, 9566
       3424 { 03261 le 1/6me en chassant.
            {  163 la 1/2 en chassant.
       -------
        1, 92236
```

Ligne quarrée.

2.me *Méthode.*

Il faut prendre la $\frac{1}{2}$ le $\frac{1}{6}$me de la $\frac{1}{2}$ en chassant et le $\frac{1}{15}$me du $\frac{1}{6}$me.

```
 1,92246
 -------
 96123 la 1/2.
  1602 le 1/6me en chassant.
   106 le 1/15me.
 -------
 9,7831
```

Millimètres. Millièmes.

Au produit il faut reculer la virgule d'un chiffre sur la droite.

INSTRUCTION

Sur le Cubage

AVANT les nouveaux poids et mesures, il fallait une infinité d'opérations complexes pour cuber chaque pièce de bois, maintenant il suffit de multiplier les deux dimensions de l'écarissage l'une par l'autre et le produit par la longueur.

Exemple :

Pour trouver la cubature d'une pièce de bois qui a 7 décimètres ou palmes sur d'écarrissage et 4 mètres 5 palmes de longueur.

```
   0,7
   0,7
  -----
  0,49
   4,5
  -----
   245
  196
  -----
  2,205 Millimètres
```

2,2 Mètres. 05 ~~Palmes.~~ Milli~~cent~~mètres ~~ou doigts~~.

Pour trouver les mètres j'ai retranché au produit 3 figures, parce qu'il y a deux décimales au multiplicande et une au multiplicateur.

Pour convertir les mètres cubes en toises cubes, il faut les multiplier par 0,1350642 et retrancher au produit autant de figures qu'il se trouve de décimales au multiplicande et au multiplicateur, après les virgules.

Pour convertir les toises cubes en mètres cubes, il faut y ajouter autant de zéros qu'il y a de décimales au diviseur et que l'on en veut trouver au produit, et diviser par 0,1350642.

Si l'on n'a besoin que d'un rapport approximatif, on peut opérer par 0,135.

On veut savoir combien 304 mètres cubes font de toises cubes, par approximation.

```
   304me,
   0,135
  ------
   1520
   912.
   304..
  ------
   41,040
```

Toises cubes. Parties de Toises cubes.

Si l'on veut savoir combien ce reste fait de pieds cubes, de pouces cubes et de lignes cubes, il faut le multiplier successivement par 216 pour trouver les pieds cubes, par 1728 pour trouver les pouces cubes et par 1728 pour trouver les lignes cubes et retrancher chaque fois 3 figures de droite au produit.

On veut savoir combien 41 toises cubes 04 font de mètres cubes par approximation.

```
41,040 { 0,135
       { 304
0540
000
```

2.me *Méthode qui rapproche davantage du vrai rapport.*

Il faut ajouter le $\frac{1}{3}$ du nombre des mètres, la $\frac{1}{2}$ du $\frac{1}{3}$ en chassant le $\frac{1}{3}$ de la $\frac{1}{2}$ en chassant.

```
304,        mètres cubes
101,33333   le 1/3
  5,06666   la 1/2 en chassant
    16888   le 1/3 en chassant
---------
41,056887
```

Toises cubes.

au produit il faut avancer la virgule d'un chiffre sur la gauche.

Si l'on veut un rapport encor plus juste, il faut y ajouter le $\frac{1}{6}$ du $\frac{1}{3}$

2.me *Méthode qui rapproche d'avantage du vrai rapport.*

Il faut déduire du nombre des toises cubes et parties de toises le $\frac{1}{4}$ le $\frac{1}{3}$ de $\frac{1}{4}$ en chassant et le $\frac{1}{7}$ du $\frac{1}{3}$.

```
Toises
41,0597
10,6558 { 10,2649  le 1/4
        {    3421  le 1/3 en chassant
        {     488  le 1/7.
-------
304,039
```

Mètres cubes.

au produit il faut reculer la virgule d'un chiffr e sur la drote.

Si l'on veut un rapport plus juste, il faut encore déduire le $\frac{1}{11}$me du 7me.

Pour

Pour convertir les mètres cubes en pieds cubes, il faut les multiplier par 29,17385

Pour convertir les décimètres cubes en pieds cubes, il faut les multiplier par. . . . . 0,02917385 } et retrancher au produit autant de figures qu'il se trouve de décimales au multiplicande et au multiplicateur, après les virgules.

Pour convertir les pieds cubes en mètres cubes ou en centimètres cubes, il faut les diviser par les mêmes nombres, après avoir ajouté au dividende autant de zéros qu'il y a de décimales au diviseur et que l'on en veut trouver au produit.

Si l'on ne veut qu'un rapport approximatif on peut négliger quelques chiffres de droite.

On veut savoir combien 4 décimètres cubes 23 millimètres cubes 53 centièmes de millimètre cubes font de pieds cubes :

0,02917385
4,2353
―――――
8752155
14586925.
8752155..
5834770...
11669540....
―――――
,123560006905

Cela ne produit que des parties de pied cube, le multiplicande ayant 8 chiffres fractionnaires et le multiplicateur 4, il a fallu retrancher les 12 chiffres au produit, si l'on veut trouver le nombre de pouces cubes, et de lignes cubes, il faut multiplier successivement les 12 figures retranchées par 1728 et par 1728— et chaque fois retrancher 12 figures.

On veut savoir combien ,123560006905 parties de pied cube font de décimètres cubes.

0,123560006905 { 0,2917385
4,2353
―――――
6864606
10298369
15462140
8752155
0000000

décimètres cubes.

2.me *Méthode par approximation.*

Il faut prendre le 1/4 en chassant des décimètres, le 1/10me du 1/4, la 1/2 du 1/10me, le 1/3 de la 1/2 et le 1/6 du 1/3 en chassant.

4,2353
―――――
,105882 le 1/4 en chassant
10588 le 1/10me
5294 la 1/2
1764 le 1/3
29 le 1/6 en chassant
―――――
0,123557

2.me *Méthode.*

Il faut prendre le 1/3, le 1/4 du 1/3 en chassant, le 1/8 du 1/4 et le 1/15me du 1/8

0,12356
―――――
0,0411866 le 1/3
,0010294 le 1/4 en chassant
,0001286 le 1/8me
,0000085 le 1/15me
―――――
4,23531

Au produit, il faut reculer la virgule de 2 chiffres à droite.

Pour convertir les mètres cubes en pouces cubes, il faut les multiplier par . . . . 50412,42 } et retrancher
Pour convertir les centimètres cubes en pouces cubes, il faut les multiplier par . . . . 0,05041242 }
au produit autant de chiffres qu'il y a de décimales au multiplicande et au multiplicateur, après les virgules.

Pour convertir les pouces cubes en mètres cubes, ou en centimètres cubes, il faut les diviser par les mêmes nombres, après avoir ajouté au dividende autant de zéros qu'il y a de décimales au diviseur et que l'on en veut trouver au produit.

Si l'on n'a besoin que d'un rapport approximatif, on peut négliger à ces nombres quelques chiffres de droite.

On veut savoir combien 8 centimètres cubes, 1 millimètre cube, 5 dixièmes, font de pouces cubes.

```
   0,05041242
         8,15
 ------------
   25206210
  5041242 .
 40329936 . .
 ------------
 0,4108612230
```

Comme il faut retrancher les 10 chiffres, cela ne donne pas de pouces, si l'on veut voir combien ce reste fait de lignes cubes, il faut le multiplier par 1728 et retrancher encore 10 figures de droite.

On veut savoir combien $\frac{0,4108612230}{10000000000}$me de p.ce cube font de centimètres cubes.

```
 0,4108612230 { 0,05041242
 ------------ {------------
  7561863     {       8,15
  25206210
  0000000
```

Dixièmes. Millimètres cubes. Centimètres cubes.

2.me *Méthode.*

Il faut prendre la $\frac{1}{2}$ en chassant, le $\frac{1}{12}$me de la $\frac{1}{2}$ en chassant, additioner et soustraire le $\frac{1}{100}$me du $\frac{1}{12}$me.

```
            8,15
            ----
          0,4075     la ½ en chassant.
           33958     le 1/12me en chassant.
          -------
         4108958
Soustraire   339     p. le 1/100me.
          -------
        0,410861 9
```

2.me *Méthode.*

Il faut doubler et soustraire le $\frac{1}{100}$me du nombre, des pouces cubes, la $\frac{1}{2}$ du $\frac{1}{100}$me, le $\frac{1}{4}$ de de la $\frac{1}{2}$, et le $\frac{1}{12}$me du $\frac{1}{4}$.

```
 0,41086.
 0,41086
 -------
 0,82172
           { 410 le 1/100me
     670   { 205 la ½
 -------   {  51 le ¼
           {   4 le 1/12me
 8,1502
```

Centimètres cubes.

Il faut reculer la virgule d'un chiffre sur la droite au produit.

Pour convertir les mètres cubes en lignes cubes, il faut les multiplier par . . . . 87112655, } et retrancher

Pour convertir les millimètres cubes en lignes cubes, il faut les multiplier par . . . . 0,087112655 }

au produit autant de chiffres qu'il y a de décimales au multiplicande et au multiplicateur, après les virgules.

Pour convertir les lignes cubes en mètres cubes, ou en millimètres cubes, il faut les diviser par les mêmes nombres, après avoir ajouté au dividende autant de zéros qu'il y a de décimales au diviseur et que l'on en veut trouver au produit.

Si l'on n'a besoin que d'un rapport approximatif, on peut négliger quelques chiffres de droite.

On veut savoir combien 763 millimètres cubes font de lignes cubes.

```
  0,087112655
         763,
  -----------
    261337965
   522675930 .
  609788585 ..
  -----------
 66,466955765
```

Lignes cubes.

On veut savoir combien 66 lig. cub. $\frac{466955765}{1000000000}$me font de millimètres.

```
Lignes cubes.
66.466955765 { 0,087112655
------------
5 48809726   { 763
 261337965
  00000000
```

Millimètres cubes.

2.me *Méthode.*

Il faut en prendre le $\frac{1}{12}$me, le $\frac{1}{3}$ du $\frac{1}{12}$me en chassant, le $\frac{1}{3}$ du $\frac{1}{3}$, le $\frac{1}{12}$me du $\frac{1}{3}$, additionner; et soustraire le $\frac{1}{5}$me du $\frac{1}{12}$me en chassant.

```
              763 millimètres cubes.
              ---
              63,58333333 le 1/12me.
               2,11944444 le 1/3 en chassant.
                 70646146 le 1/3.
                  5887178 le 1/12me.
              -----------
              66,46811101
à soustraire       117743 le 1/5me en chassant.
              -----------
              66,46693358
```

Lignes cubes.

2.me *Méthode.*

Il faut y ajouter le $\frac{1}{7}$me le $\frac{1}{3}$ du $\frac{1}{7}$me en chassant, le $\frac{1}{15}$me du $\frac{1}{3}$, le $\frac{1}{100}$me du $\frac{1}{15}$me, additionner; et soustraire le $\frac{1}{4}$ du $\frac{1}{100}$me.

```
            66,466955765
             9,495279395 le 1/7me.
               316509313 le 1/3 en chassant.
                21100620 le 1/15me.
                  211006 le 1/100me.
            ------------
            763,00056099
Soustraire         52751 p. le 1/4.
            ------------
            763,00003338
```

Millimètres cubes.

Au produit, il faut reculer la virgule d'un chiffre sur la droite.

Pour convertir les myriamètres ou lieues nouvelles, en lieues de pays anciennes de 2280 toises et $\frac{1}{2}$, il faut les multiplier par 2 et $\frac{1}{4}$ et retrancher au produit autant de figures qu'il y a de chiffres fractionnaires au multiplicande, observant qu'il ne faut pas considérer le $\frac{1}{4}$ ci-dessus comme fractionnaire, malgré que ce soit une fraction ancienne.

Pour convertir les lieues de pays anciennes, il faut y ajouter autant de zéros que l'on veut trouver de décimales au produit et diviser par 2 et $\frac{1}{4}$.

On veut savoir combien 645 myriamètres ou lieues nouvelles font de lieues de pays anciennes.

```
 645,
   2, 1/4
 ------
 1290
  161  25 pour 1/4.
 ------
 1451, 25
```

ou 1451 lieues anciennes et $\frac{1}{4}$.

On veut savoir combien 1451 lieues de pays anciennes et $\frac{1}{4}$ font de myriamètres ou lieues nouvelles, il faut reduire le $\frac{1}{4}$ en fractions décimales qui fait 25 que l'on ajoute au dividende.

```
                           1451,25 {  2 1/4
par 4 comme au diviseur 4  {par 4  p. reduire en 1/4
                          --------   ------
                           580500     9
                          --------    645. myriamètres.
                            40
                            45
                             0
```

2.me *Méthode.*

Qui est à peu-près semblable à la précédente.

Il faut y ajouter le même nombre et le $\frac{1}{4}$.

```
 645, My.m.
 645.
 161, 25. pour 1/4.
 ------
 1451, 25.
```

2.me *Méthode.*

Il faut soustraire le $\frac{1}{9}$me du nombre des lieues et en prendre la moitié.

```
 Lieues.
 1451,  25
  161,  25 le 1/9me à soustraire.
 ---------
 1290,  00
  645,     pour la moitié.
```

Myriamètres.

Pour convertir les myriamètres, ou lieues nouvelles, en lieues maritimes anciennes de 2850 toises, il faut les multiplier par 1,8 et retrancher au produit autant de chiffres qu'il y a de décimales au multiplicande et au multiplicateur, après les virgules.

Pour convertir les lieues maritimes anciennes en myriamètres ou lieues nouvelles, il faut y ajouter autant de zéros qu'il y a de décimales au diviseur et que l'on en veut trouver au produit et diviser par 1,8.

On veut savoir combien 430 myriamètres font de lieues de marine.

```
430,my.m.
  1,8
-----
 3440
 430
-----
 774,0  Lieues de marine.
```

On veut savoir combien 774 lieues de marine font de myriamètres.

```
774,0 { 1,8
      { 430, myriamètres
-----
54
 00,0
```

2.me *Méthode.*

Il faut soustraire le $\frac{1}{5}$me du nombre des myriamètres, effacer ce $\frac{1}{5}$me et additionner le produit de la soustraction avec les myriamètres.

```
430 mym.
 86 le 1/5me que l'on efface.
----
344
----
774 lieues de marine
```

2.me *Méthode.*

Il faut soustraire du nombre des lieues de marine anciennes le $\frac{1}{3}$ et le $\frac{1}{3}$ du $\frac{1}{3}$

```
      774 lieues de marine anciennes.
      { 258 pour 1/3
  344 {
      {  86 pour 1/3 du 1/3
-----
      430 myriamètres.
```

Pour convertir les myriamètres, ou lieues nouvelles, en lieues de postes anciennes de 2000 toises, il faut les multiplier par 2,565 et retrancher au produit autant de figures qu'il y a de décimales au multiplicande et au multiplicateur, aprés les virgules.

Pour convertir les lieues de postes anciennes, en myriamètres, ou lieues nouvelles, il faut y ajouter autant de zéros qu'il y a de décimales au diviseur et que l'on en veut trouver au produit et diviser par 2,565.

On veut savoir combien 435 myriamètres font de lieues de postes anciennes :

```
   2,565 my. m
    435,
  ------
   12825
  76,95..
 10260 ..
  ------
1115,775
```

Ce qui fait 1115 lieues, mais comme le reste dépasse 5 on le compte pour 1 lieue de plus.

On veut savoir combien 1115 lieues de poste anciennes et 775 $\frac{\quad}{1000^{eme}}$ font de myriamètres :

```
1115,775 { 2,565
         { 455 myriamètres
--------   ----------------
  8977
  12825
  0000
```

2.me *Méthode.*

Il faut ajouter le même nombre, la moitié, le $\frac{1}{10}$ de la $\frac{1}{2}$ le $\frac{1}{5}$ du $\frac{1}{10}{}^{me}$ et la $\frac{1}{2}$ du $\frac{1}{5}{}^{me}$

```
  435,
  435,
  217,5    pour la 1/2
   21,75   pour le 1/10 me
    4,35   pour le 1/5
    2,175  pour le 1/2
 --------
 1115.775
 --------
```

2,^{me} *Méthode par approximation.*

Il faut prendre le $\frac{1}{3}$ le $\frac{1}{7}{}^{me}$ du $\frac{1}{3}$ le $\frac{1}{6}{}^{me}$ du $\frac{1}{7}{}^{me}$ et le $\frac{1}{8}{}^{me}$ du $\frac{1}{6}{}^{me}$.

```
1115,775
--------
 371,925  Pour 1/3
  53,132  Pour 1/7 me
   8,856  Pour 1/6 me
   1,106  Pour 1/8 me
--------
 435,018
```

Myriamètres.

Pour convertir les mètres en aunes de Paris, de 43 pouces 10 lignes et $\frac{1}{6}$ me, il faut les multiplier par 0,8414349 et retrancher au produit autant de chiffres de droite qu'il y a de décimales au multiplicande et au multiplicateur, après les virgules. L'aune de Paris est de 1 mètre 188 mm 45.

Pour convertir les aunes de Paris en mètres, il faut y ajouter autant de zéros qu'il y a de décimales au diviseur et que l'on en veut trouver au produit, et diviser par 0,8414349.

Si l'on ne veut qu'un rapport approximatif, on peut opérer par 0,84 ou par 0,8414.

On veut savoir combien 685 mètres 83 centimètres font d'aunes de Paris :

```
 m.t. c mt.
 685,83
   0,8414
 ---------
   274332
   68583 .
  274332 . .
 548664 . . .
 ---------
 577,057362
 Aunes.
```

On veut savoir combien 577 aunes de Paris 057362 $\frac{}{1000000}$ font de mètres.

```
577,057362 { 0,8414
           { 685, 83
----------
 72217
  49053
   69836
    25242
     0000
Mètres.  Centimètres
```

2.me *Méthode.*

Il faut en déduire le $\frac{1}{7}$ me, le $\frac{1}{10}$ me du $\frac{1}{7}$ me le $\frac{1}{10}$ me du $\frac{1}{10}$ me et le $\frac{1}{10}$ me du dernier $\frac{1}{10}$ me

```
        685mt 83cmt
          { 97,97 le 1/7 me
 108  83 {  9,79 le 1/10 me
          {    98 le 1/10 me
          {     9 le 1/10 me
 ----------
    577 aunes
```

NOTA. *Pour les aunes de Paris, il existait une petite différence entre le véritable étalon qui était à Paris et celui qui avait été reçu à Nantes, le premier portait 43 pouces 10 lignes $\frac{1}{6}$ me et celui de l'ajusteur à Nantes, 44 pouces. Il faut s'en rapporter à celui de Paris.*

2.me *Méthode.*

Il faut y ajouter le $\frac{1}{6}$ me le $\frac{1}{8}$ du $\frac{1}{6}$ me et la $\frac{1}{2}$ du $\frac{1}{8}$ me en chassant.

```
  577, aunes
   96,16 le 1/6 me
   12,02 le 1/8 me
     ,60 la 1/2 en chassant.
 ----------
  685,78
 Mètres.  Centimètres
```

Pour convertir les mètres en aunes de Nantes et de Laval, de 52 pouces 6 lignes, il faut les multiplier par 0,70364 et retrancher au produit autant de chiffres qu'il y a de décimales au multiplicande et au multiplicateur, après les virgules. L'aune de Nantes, et de Laval vaut 1 mètre 421 m.m.t 17.

Pour convertir les aunes de Nantes et de Laval, en mètres, il faut y ajouter autant de zèros qu'il y a de décimales au diviseur et que l'on en veut trouver au produit et diviser par 0,70364.

Pour convertir les mètres en aunes de Vitré et l'inverse, il faut opérer par 0,73883

L'aune de Vitré était de 50 pouces et équivaut à 1 mètre 353 m.m.t 496

On veut savoir combien 953 mètres font d'aunes de Nantes et de Laval :

```
     0,70364
        953,
   ---------
     211092
    351820.
   633276..
   ---------
   670,56892
```

ou 670 aunes et $\frac{1}{2}$

On veut savoir combien 670 aunes de Nantes et de Laval et 56892 $\frac{}{100000}$me font de mètres :

```
670,56892 { 0,70364
            ---------
            953 mètres,
 372929
  211092
   00000
```

2.me *Méthode.*

Il faut en déduire $\frac{1}{3}$ et y ajouter ensuite le $\frac{1}{3}$ en chassant, du nombre des mètres, le $\frac{1}{10}$me du $\frac{1}{3}$ et le $\frac{1}{11}$me. du $\frac{1}{10}$me

```
  953, mètres.
  317,6666 le 1/3 à déduire.
  --------
  635,3334
   31,7666 le 1/3 en chassant.
    31766 le 1/10me,
     2887 le 1/11me
 ---------
  670,5653
   Aunes.
```

2.me *Méthode.*

Il faut ajouter le $\frac{1}{3}$ le $\frac{1}{4}$ du $\frac{1}{3}$ la $\frac{1}{2}$ du $\frac{1}{4}$ en chassant, le $\frac{1}{12}$me de la $\frac{1}{2}$ et la $\frac{1}{2}$ du $\frac{1}{12}$ en chassant de 2 chiffres.

```
Aunes.
670,56892
223,52297 le 1/3
 55,88074 le 1/4
  2,79403 la 1/2 en chassant.
    23293 le 1/12me
      116 la 1/2 en chassant de 2 chiffres
---------
953.00075
 Mètres.
```

Pou

Pour convertir les $\left\{\begin{array}{l}\text{hectares, ou arpens nouveaux,}\\ \text{ares, ou les perches nouvelles,}\end{array}\right\}$ en $\left\{\begin{array}{l}\text{arpens anciens (eaux et forêts,)}\\ \text{perches anciennes idem de 484 pieds quar.}\end{array}\right\}$ il faut
s multiplier par 1,958 et retrancher au produit autant de figures qu'il y a de décimales
u multiplicande et au multiplicateur, après les virgules.

Pour convertir les $\left\{\begin{array}{l}\text{arpens anciens eaux et forêts.}\\ \text{perches anciennes de 484 pieds.}\end{array}\right\}$ en $\left\{\begin{array}{l}\text{arpens nouveaux,}\\ \text{perches nouvelles,}\end{array}\right\}$ il faut y ajouter autant
e zéros qu'il y a de décimales au diviseur et que l'on en veut trouver au produit, et
iviser par 1,958.

Si l'on veut un rapport plus juste il faut opérer par 1,95802.

Pour convertir les mètres quarrés en perches susdites, il faut opérer par 0,0195802.

On veut savoir combien 315 arpens nou-
aux, font d'arpens anciens des eaux et forêts.

```
   1,958
     315,
  ------
   9790
   1958.
  5874..
  ------
  616,770.
```

Arpens anciens. Perches anciennes.

On veut savoir combien 616 arpens anciens et 77 perches anciennes, font d'arpens nouveaux.

```
616,770 | 1,958
--------|-------
 2937   |  315 arpens nouveaux.
  9790
  0000
```

2.me *Méthode.*

Il faut doubler ; et soustraire le $\frac{1}{6}$ en chassant
nombre des arpens nouveaux, le $\frac{1}{4}$ du $\frac{1}{6}$, le
du $\frac{1}{4}$, en chassant et le $\frac{1}{5}$me du $\frac{1}{3}$.

```
  315, arpens nouveaux.
  315,
  ----
  630,
          ⎧ 10, 5 le 1/6 en chassant.
  13,229  ⎨  2, 625 le 1/4.
          ⎪      87 le 1/3 en chassant.
  ------  ⎩      17 le 1/5me.
  616,771
```

Arpens anciens. Perches anciennes.

2.me *Méthode.*

Il faut prendre la $\frac{1}{2}$ des arpens anciens, le $\frac{1}{5}$me de la $\frac{1}{2}$ en chassant, le $\frac{1}{15}$ du $\frac{1}{5}$me, le $\frac{1}{12}$me du $\frac{1}{15}$me et la $\frac{1}{2}$ du $\frac{1}{12}$me en chassant.

```
Arp. anc.  Perch.
 616,      771.
------------
 308,  3855 la 1/2.
   6,  1677 le 1/5me en chassant.
       4111 le 1/15me.
        342 le 1/12me.
         17 la 1/2 en chassant.
------------
 315,  0002
```

Arpens nouveaux.

Pour convertir les {hectares, ou arpens nouveaux, / ares, ou perches nouvelles,} en {arpens anciens de Paris, / perches anciennes de Paris de 324 pieds quar} il faut les multiplier par 2,925. et retrancher au produit autant de chiffres qu'il y a de décimales au multiplicande et au multiplicateur, après les virgules.

Pour convertir les {arpens anciens de Paris / perches anciennes de Paris} en {arpens nouveaux, / perches nouvelles,} il faut y ajouter autant de zéros qu'il y a de décimales au diviseur et que l'on en veut trouver au produit, et diviser par 2,925.

Si l'on veut un juste rapport, il faut opérer par 2,924943.

Pour convertir les mètres quarrés en perches quarrés susdites, il faut opérer par 0,02924943.

On veut savoir combien 237, arpens nouveaux et 45 perches nouvelles, font d'arpens et perches de Paris.

```
 Arp. Perch.
 237,45
   2,925.   on peut aussi opérer
 --------   par 2,9 et 1/4.
  118725
  47490 .
 213705 . .
 47490 . . .
 ----------
 69454,125
```

ou 694 arpens, 54 perches et $\frac{1}{8}$me de perche anciens de Paris.

On veut savoir combien 694 arpens anciens de Paris, 54 perches et $\frac{1}{8}$me font d'arpens nouveaux et perches nouvelles.

```
 Arp.  Perch.
 694,  54.   125 pour 1/8me de perche.
 ------------      { 2,925
 109   54          { 237, 45
  21   791         -----------
   1   3162        Arpens nouveaux.  Perches nouvelles.
       14625
        0000
```

2.me *Méthode.*

Il faut prendre le $\frac{1}{4}$, le $\frac{1}{6}$me du $\frac{1}{4}$, et le $\frac{1}{5}$me du $\frac{1}{6}$me en chassant.

```
 Arp. Perches.
 237, 45
 ----------
  59, 3625   le 1/4.
   9, 89375  le 1/6me.
     197875  le 1/5me en chassant.
 ----------
 69 4,54125
 Arpens anciens.  Perches anciennes,
```

Au produit il faut reculer la virgule d'un chiffre à droite.

Si l'on veut par cette méthode, avoir un rapport plus juste, il faut déduire de ce produit le $\frac{1}{13}$me du $\frac{1}{5}$me en chassant.

2.me *Méthode.*

Il faut prendre le $\frac{1}{3}$ le $\frac{1}{4}$ du $\frac{1}{3}$ en chassant, le $\frac{1}{4}$ du $\frac{1}{4}$ en chassant, la $\frac{1}{2}$ du $\frac{1}{4}$ en chassant, et le $\frac{1}{6}$ de la $\frac{1}{2}$.

```
 694,5277.  que devait produire la méthode
 ---------  ci-contre.
 231,57923  le 1/3.
    578773  le 1/4 en chassant.
     14469  le 1/4 en chsssant.
       723  la 1/2 en chassant.
       120  le 1/6me.
 ---------
 237,45,008
```

Pour un juste rapport il faudrait déduire du produit le $\frac{1}{12}$me du $\frac{1}{6}$me.

Pour convertir les { hectares, ou arpens nouveaux, / ares, ou perches nouvelles, } en { arpens anciens, / perches anciennes de 400 pieds quarrés, } il faut les ultiplier par 2,37 et retrancher au produit autant de chiffres qu'il y a de décimales u multiplicande et au multiplicateur.

Pour convertir les { arpens anciens / perches anciennes de 400 pieds quarrés } en { arpens nouveaux, / perches nouvelles, } il faut y ajouter utant de zéros qu'il y a de décimales au diviseur et que l'on en veut trouver au produit, diviser par 2,37.

Si l'on veut un plus juste rapport il faut opérer par 2,36925.

Pour convertir les mètres quarrés en perches susdites, il faut opérer par 0,0236925.

On veut savoir combien 231 arpens nouveaux, perches, 35 mètres quarrés, font d'arpens ciens et de perches anciennes de 400 pieds arrés.

```
Arp. Perch. M. q.
 231, 8535
    2,36925
-----------
   115 92675
   4637070 .
  20866815 . .
 13911210 . . .
 6955605 . . . .
4637070 . . . . .
-----------
549,31,8904875
           400
-----------
  356,1950000
```

{ Pour trouver combien ce reste fait de pieds quarrés, il faut le multiplier par 400.

9. arpens anciens, 31 perches et 356 pieds arrés, $\frac{191}{1000}$me.

On veut savoir combien 549 arpens, 31 perches et 356 pieds quarrés $\frac{191}{1000}$ font d'arpens nouveaux et de perches nouvelles.

Pour 356 pieds carrés et $\frac{191}{1000}$me il faut en prendre le $\frac{1}{4}$ en chassant de 2 chiffres.

```
 Arp.  Perche
 549,  31000000
        8904875   { 2,36925
-----------------
 549, 318,904875  { 231, 8535
-----------------
  75   4689
   4   39140
   2   022154
       1267548
        829237
        1184625
         000000
```

Arpens nouveaux. Perches nouvelles. Mètres quarrés.

2.me *Méthode.*

Il faut repeter le même nombre et y ajouter $\frac{1}{3}$, le $\frac{1}{10}$me du $\frac{1}{3}$, le $\frac{1}{13}$me du $\frac{1}{13}$me, la $\frac{1}{2}$ du $\frac{1}{13}$me en assant de 2 chiffres et la $\frac{1}{2}$ de la $\frac{1}{2}$.

```
231,  85  35
231,  85  35
 77,  28  45    le 1/3.
  7,  72  845   le 1/10me.
      59  4406  le 1/13me.
          2972  la 1/2 en chas. de 2 chiff.
          1486  la 1/2.
-------------
549,  31  8904
```

2.me *Méthode.*

Il faut prendre le $\frac{1}{3}$, le $\frac{1}{4}$ du $\frac{1}{3}$, la $\frac{1}{2}$ du $\frac{1}{4}$ en chassant, le $\frac{1}{4}$ de la $\frac{1}{2}$, le $\frac{1}{6}$me du $\frac{1}{4}$ et le $\frac{1}{4}$ du $\frac{1}{4}$ en chassant.

```
549,  3189
-----------
183,  1063 le 1/3.
 45,  7765 le 1/4.
  2,  2888 la 1/2 en chassant.
      5722 le 1/4.
       953 le 1/6me.
       143 le 1/4 du 1/4 en chassant.
-----------
231,  8534
```

USAGES DES MARCHES DE LA BRETAGNE ET DU POITOU.

A St.-Etienne-de-Mer-Morte, Touvois, St.-Colombin, Bénate, Légé et Communes limitrophes.

La gaule y était de 121 pieds quarrés et vaut 12 mètres quarrés 768 millimètres.
L'hommée de 50 gaules quarrées.
La charrie de 300 gaules dito.
Le Journal de 400 gaules dito.

Pour convertir les mètres quarrés en gaules de 121 pieds quarrés, il faut les multiplier par 0,07832, et retrancher au produit autant de chiffres qu'il y a de décimales au multiplicande et au multiplicateur, après les virgules.

Pour convertir les gaules de 121 pieds quarrés en mètres quarrés, il faut y ajouter autant de zéros qu'il y a de décimales au diviseur et que l'on en veut trouver au produit et diviser par 0,07832.

On veut savoir combien 65 arpens 18 perches 63 mètres quarrés 47 centimètres font de gaules de 121 pieds quarrés.

```
 arp. perc. mèt. q. c. m.
 651863,47
   0,07832
 ---------
 130372694
 195559041 .
 521490776 . .
 456304429 . . .
 ---------
 51053,9469704
```

Produit 51054 gaules, on porte 1 gaule de plus parce que la première décimale dépasse 5. Cependant si on veut voir combien ce reste fait de pieds quarrés, on le multiplie par 121 et on retranche 7 chiffres.

Si on veut voir combien ces gaules font d'hommées on les divise par 50, on en prend le $\frac{1}{5}$me en chassant.

On veut savoir combien 51053 gaules $\frac{9469704}{10000000}$me. parties de gaules, font de mètres quarrés.

```
 51053,9469704 { 0,07832
               { 651863,47
 40619
  14594
   67626
    49709
     27177
      36810
       54824
       00000
```

(Arpens. Perches. Mètres quarrés. Centimètres.)

2.me *Méthode.*

Il faut prendre le $\frac{1}{13}$me, le $\frac{1}{6}$me du $\frac{1}{13}$me, le $\frac{1}{10}$me du $\frac{1}{6}$me, le $\frac{1}{12}$me du $\frac{1}{10}$ et le $\frac{1}{6}$me du $\frac{1}{12}$me en chassant de 2 chiffres.

```
 mèt. quar.  c. m. q.
 651863,     47
 -----------
  50127,     959 le 1/13me
    835,     465 le 1/6me en chassant.
     83,     566 le 1/10me
      6,     962 le 1/12me
              11 le 1/6me en chassant de 2 chiffres.
 -----------
  51053,     943
 Gaules
```

2.me *Méthode.*

Il faut y ajouter le $\frac{1}{4}$, le $\frac{1}{10}$me du $\frac{1}{4}$, le $\frac{1}{15}$me du $\frac{1}{10}$me la $\frac{1}{2}$ du $\frac{1}{10}$me en chassant de deux chiffres, le $\frac{1}{6}$me de la $\frac{1}{2}$ et le $\frac{1}{12}$me du $\frac{1}{6}$me.

```
 51053, 946
 12763, 436 le 1/4
  1276, 343 le 1/10me
    85, 089 le 1/15
     6, 381 la 1/2 du 1/10 en chassant de 2 chiffres.
     1, 063 le 1/6me
        88 le 1/12me.
 ----------
 65186 3,46
 mèt. quar.
```

Il faut au produit reculer la virgule d'un chiffre à la droite.

USAGES DE LA CI-DEVANT BRETAGNE.

La corde y était de 576 pieds quarrés et vaut 60 mètres quarrés 78 centimètres

A Varades, Ancenis, Thouaré, Oudon et Communes environnantes.	Le petit journal était de 40 cordes quarrées. Le journal de 80 cordes *dito.* Le quartier de vigne de 60 cordes *dito.*
A Riaillé, Carquefou, Anetz, Bonnœuvre, Doulon, Béligné, Joué, Trans et Maumusson.	La boisselée de 20 cordes *dito.*
A Carquefou, Thouaré et Doulon.	L'hommée de 10 cordes *dito.*

Pour convertir les mètres quarrés en cordes de 576 pieds quarrés, il faut les multiplier par 0,016453 et retrancher au produit autant de chiffres qu'il y a de décimales au multiplicande et au multiplicateur, après les virgules.

Pour convertir les cordes de 576 pieds quarrés, il faut y ajouter autant de zéros qu'il y a de décimales au diviseur et que l'on veut en trouver au produit et diviser par 0,016453.

On veut savoir combien 1 perche ancienne fait de cordes de 576 pieds quarrés:

0,016453 J'ajoute 2 zéros à 1 perche
100, pour en faire des mètres
Corde 1,645300 quarrés.

Multiplier le reste par 576 pour avoir des pi.^{ds} quarrés

3871800
4517100 .
3226500 . .

371,692800

1 corde 371 pieds quarrés $\frac{6928}{10000}$^{me}.

On veut savoir combien 1 corde et 371 pieds quarrés $\frac{6928}{10000}$^{me} font de mètres quarrés.

Corde 1,000000

,6453 Produit en décimales des 371 pieds quarrés et $\frac{6928}{10000}$^{me} partie de pieds

Pour avoir des fractions décimales, on divise 371 pieds 6928 par { 576 / 6453

26
3
09
052
1728
000

1,645300 { 0,016453
0000000 { 1,00

Perche.

2.me *Méthode.*

Il faut en prendre $\frac{1}{7}$^{me} en chassant d'un chiffre, le $\frac{1}{7}$^{me} du $\frac{1}{7}$^{me}, la $\frac{1}{2}$ du $\frac{1}{7}$^{me} en chassant et le $\frac{1}{4}$ de la $\frac{1}{2}$

100, mètres quarrés.

1,42857 le $\frac{1}{7}$^{me} en chassant.
20408 le $\frac{1}{7}$^{me}
1020 la $\frac{1}{2}$ en chassant.
255 le $\frac{1}{4}$

1,64540 Corde.

2.me *Méthode.*

Il faut en soustraire le $\frac{1}{3}$, le $\frac{1}{6}$^{me} du $\frac{1}{3}$, la $\frac{1}{2}$ du $\frac{1}{6}$^{me} en chassant le $\frac{1}{6}$^{me} de la $\frac{1}{2}$, le $\frac{1}{6}$^{me} du $\frac{1}{6}$^{me}, le $\frac{1}{5}$ du $\frac{1}{6}$^{me} en chassant

1,^{corde}6453 { ,548433 le $\frac{1}{3}$
6453 { 91405 le $\frac{1}{6}$^{me}
4570 la $\frac{1}{2}$ en chassant
761 le $\frac{1}{6}$^{me}
127 le $\frac{1}{6}$^{me}
04 le $\frac{1}{5}$ en chassant.

1 00,00 ,645300

Au produit il faut reculer la virgule de 2 chiffres à la droite.

Mètres quarrés, ou 1 perche ancienne.

USAGES DU CANTON DE NANTES,

Suivis à Bouay, Vertou, Brains, Saint-Léger, Pont-Saint-Martin, etc.

La gaule était de 56 pieds quarrés et $\frac{1}{4}$ et vaut 5,^{mètres} 935^{millimètres} $\frac{5}{10}$^{me}.
La boisselée pour les terres en labour et jardins, y était de 60 gaules quarrées.
Le journal pour les terres en labour et jardins de 450 gaules.
L'hommée pour les vignes de 75 gaules.
Le quartier de vigne de 3 hommées ou 225 gaules.
L'ondain pour les prairies de 20 gaules.

our convertir les mètres quarrés en gaules de 56 pieds quarrés et $\frac{1}{4}$, il faut les multi-r par 0,16848 et retrancher au produit autant de figures qu'il a de décimales au mul-cande et au multiplicateur, après les virgules.

our convertir les gaules de 56 pieds quarrés et $\frac{1}{4}$ en mètres quarrés, il faut y ajouter nt de zéros qu'il y a de décimales au diviseur et que l'on en veut trouver au produit et ser par 0,16848.

---

1 veut savoir combien 5 perches 39 mètres rés font de gaules de 56 pieds quarré et $\frac{1}{4}$.

0,16848
539,

151632
50544 .
84240 . .

es. 90,81072
par $56\frac{1}{4}$ pour avoir des pieds quarrés.

486432
405360 .
20268 pour $\frac{1}{4}$

45,60300

duit 90, gaules 45 pieds quarrés $\frac{6}{10}$

On veut savoir combien 1 boisselée 30 gaules 81072 $\frac{}{100000}$me font de mètres quarrés.

Pour 1 boisselée de 60 gaules.

Pour 30,81072 | 0,16848

90,81072 | 539

65707
151632
00000

Mètres quarrés.
Perches

2.me *Méthode.*

faut prendre le $\frac{1}{6}$me, le $\frac{1}{100}$me du $\frac{1}{6}$me, le $\frac{1}{12}$me me et la $\frac{1}{2}$ du $\frac{1}{12}$me en chassant.

539, mètres quarrés.

89,83333 le $\frac{1}{6}$me
89833 le $\frac{1}{100}$me
7486 le $\frac{1}{12}$me
374 la $\frac{1}{2}$ en chassant.

90,81026

Gaules.

2.me *Méthode.*

Il faut prendre la $\frac{1}{2}$, le $\frac{1}{6}$me de la $\frac{1}{2}$, le $\frac{1}{8}$me du $\frac{1}{6}$me

90,81072

45,40536 la $\frac{1}{2}$
7,56756 le $\frac{1}{6}$me
94594 le $\frac{1}{8}$me

539,1886

Mètres quarrés.

Au produit il faut reculer la virgule d'un chiffre à droite. Si l'on veut par cette méthode avoir un rapport plus juste il faut après l'addition soustraire le $\frac{1}{7}$me du $\frac{1}{8}$me en chassant.

Dans les actes publics, on n'employait que la mesure dite de Bretagne, (voyez *folio* 38), mais les propriétaires et les arpenteurs employaient les mesures seigneuriales ci-après :

La gaule y était de 64 pieds quarrés et vaut 6 mètres quarrés 75 centimètres.
Le sillon de 18 gaules.
La boisselée de 12 sillons ou 216 gaules.
L'hommée de 2 boisselées ou 432 gaules.
Le petit journal de 3 boisselées ou 648 gaules.

Pour convertir les mètres quarrés en gaules quarrées, de 64 pieds quarrés, il faut les ultiplier par 0,14808, et retrancher au produit autant de chiffres qu'il y a de décimales multiplicande et au multiplicateur, après les virgules.

Pour convertir les gaules quarrées de 64 pieds quarrés en mètres quarrés, il y faut outer autant de zéros qu'il y a de décimales au diviseur et que l'on en veut trouver produit, et diviser par 0,14808.

On veut savoir combien 9 perches, 24 mètres arrés, font de gaules de 64 pieds quarrés.

```
   0,14808
       924
   -------
     59232
    29616 .
  133272 . .
  ----------
  136,82592
ultiplier par  64   Pour savoir combien le reste
  ----------        fait de pieds quarrés.
    330368
   495552
  ----------
   52,85888
```

136 gaules 53 pieds quarrés, on met au produit 1 pied de plus, parce que la première écimale de gauche dépasse 5.

2.me *Méthode.*

Il faut prendre le $\frac{1}{7}$me, le $\frac{1}{3}$ du $\frac{1}{7}$me en chassant, le $\frac{1}{11}$me du $\frac{1}{3}$.

```
  924,   mètres quarrés.
  ----------
  132,      le 1/7me.
    4,   4  le 1/3 en chassant.
         4  le 1/11me.
  ----------
  136,   8
  Gaules.
```

Si l'on veut une méthode plus juste il faut y outer la $\frac{1}{2}$ du $\frac{1}{11}$me en chassant et le $\frac{1}{3}$ de la $\frac{1}{2}$.

On veut savoir combien 136 gaules de 64 pieds quarrés, et 52 pieds quarrés $\frac{85888}{100000}$me font de mètres quarrés.

```
        136,00000
Pour les 52 pieds            La gaule étant de 64
quarrés 85888/100000  82592. pieds quarrés, on divise
                             ces pieds et parties de
                             pieds par 64.
      ----------
       13682592  |  0,14808
      ---------- |    924  mètres quarrés.
                 ----------
         35539
          59232
          00000
      ----------
```

2.me *Méthode.*

Il faut prende la $\frac{1}{2}$, le $\frac{1}{3}$ de la $\frac{1}{2}$, la $\frac{1}{2}$ du $\frac{1}{3}$ en chassant, le $\frac{1}{3}$ de la $\frac{1}{2}$ en chassant et le $\frac{1}{8}$me du $\frac{1}{3}$.

```
Gaules.   Parties de gaules.
  136.82592
  ----------
   68.41296  la 1/2.
   22,80432  le 1/3.
    1,14021  la 1/2 en chassant.
       3800  le 1/3 en chassant.
        475  le 1/8me.
  ----------
   924,0024
   Mètres quarrés.
```

Il faut au produit reculer la virgule d'1 chiffre à droite.

USAGES DE MACHECOUL.

La corde y était de 900 pieds quarrés et vaut 94 mètres quarrés, 968 m.m.t. 6.
Le journal y était de 80 cordes.

Pour convertir les mètres quarrés en cordes de 900 pieds quarrés, il faut les multiplier par 0,01053 et retrancher au produit autant de figures de droite qu'il y a de décimales au multiplicande et au multiplicateur, après les virgules.

Pour convertir les cordes de 900 pieds quarrés, en mètres quarrés, il faut y ajouter autant de zéros qu'il y a de décimales au diviseur, et que l'on en veut trouver au produit, et diviser par 0,01053.

On veut savoir combien 9 perches, 57 mètres quarrés, 45 centimètres, font de cordes de 900 pieds quarrés.

```
Perch.  M.  C.m.
  9,57,45
  0,0 10 53
  ---------
   287235
  478725.
 95745...
 ---------
10,0819485
Cordes.
```

Si on veut savoir combien ce reste fait de pieds quarrés, il faut le multiplier par 900.

On veut savoir combien 10 cordes et $\frac{0819485}{10000000}$me font de mètres quarrés.

```
10,0819485 | 0,01053.
-----------|-----------
 6049      | 9    57,  45
  7844     | Perches. Mètres quarrés. Centimètres.
   4738
    5265
    0000
```

2.me *Méthode.*

Il faut y ajouter la $\frac{1}{2}$ en chassant, la $\frac{1}{4}$ de la $\frac{1}{2}$ en chassant, et le $\frac{1}{7}$me de la $\frac{1}{4}$.

```
Mètres quarrés.  C.m.
 957,  45
  47,  8725  la 1/2 en chassant.
   2,  3936  la 1/4 en chassant.
    ,  4787  le 1/7me.
Cordes 10,08  1948
```

Au produit il faut avancer la virgule de 2 chiffres à gauche.

2.me *Méthode.*

Il faut soustraire la $\frac{1}{2}$ en chassant, la $\frac{1}{4}$ de la $\frac{1}{2}$ en chassant de 2 chiffres, et le $\frac{1}{7}$ de la $\frac{1}{4}$.

```
            10,0819485
                        { ,5040974  la 1/2 en chassant.
à déduire    5074579    {   25204  la 1/4 en chassant.
                        {    8401  le 1/7.
           ----------
           957,34906
           Mètres quarrés.
```

Au produit il faut reculer la virgule de 2 chiffres à droite.

USAGES DU PELERIN.

La corde y était de 576 pieds quarrés et vaut 60 mètres quarrés, 78 centimètres. Le journal de 45 cordes.

Pour les conversions il faut opérer comme au *folio* 39, par 0,016453.

USAGES DU CI-DEVANT DUCHÉ DE COISLIN.

Suivis à la Roche-Bernard, Asserac, Camoil, les Brières, Crossac, Quilly, Novillac, St.-Dole, St.-Gildas-des-Bois, la Chapelle Launay, Bené, Mesquer, Prinquiau, Savenay et Communes limitrophes.

La gaule y était de 64 pieds quarrés et vaut 6 mètres quarrés, 75 centimètres.
Le sillon ou journal simple, 12 gaules.
La journée de 24 sillons ou 288 gaules.

A St.-Nazaire. . . . . L'hommée est de 40 sillons ou 480 gaules.
A Guérande . . . . . L'hommée est de 48 sillons ou 576 gaules.
A St.-Gildas-des-Bois. Le sillon de 10 gaules.

A Savenay, Guinrouet, Ponchâteau, etc.
- Le sillon simple de 15 gaules.
- Le sillon dit réage de 30 gaules.
- L'hommée de 75 gaules.
- Le reneau de 7 gaules et $\frac{1}{4}$.
- Le journal de 450 gaules.

A Montoir . . . . . L'hommée de 960 gaules ou perches de 64 pieds quar.

A Mesquer . . . . .
- La journée de 768 gaules ou perches idem.
- La gaulée de 12 gaules idem.
- L'arpent de 756 gaules idem.

Pour convertir les mètres quarrés en gaules de 64 pieds, et ces gaules en mètres, il faut opérer comme au *folio* 43, par 0,14808.

A Couëron . . . . .
- La gaule de 506 pieds quarrés et $\frac{1}{4}$, et vaut 53 Mètres. 42 Centimètres.
- Le journal de 45 gaules.

Pour convertir les mètres quarrés en gaules de 506 pieds quarrés et $\frac{1}{4}$ et ces gaules en mètres, il faut opérer comme au *folio* 48, par 0,01872.

A Guérande . . . . . L'œillet de marais salant de 1024 pieds quarrés, vaut 108, Mètres. 053 M.m.q.

Pour convertir les mètres quarrés, en œillets de marais, et ces mêmes œillets de marais, en mètres quarrés, il faut opérer comme au *folio* 49 par 0,0092547.

Pour convertir les mètres quarrés en gaules de Couëron, de 506 pieds quarrés et $\frac{1}{4}$, il faut les multiplier par 0,01872 et retrancher au produit autant de chiffres qu'il y a de décimales au multiplicateur et au multiplicande, après les virgules.

Pour convertir les gaules de 506 pieds quarrés et $\frac{1}{4}$ en mètres quarrés, il faut y ajouter autant de zéros qu'il y a de décimales au diviseur et que l'on en veut trouver au produit, et diviser par 0,01872.

On veut savoir combien 41 arpens, 05 perches, 79 mètres quarrés, 84 centimètres font de gaules de 506 pieds et $\frac{1}{4}$.

```
   410579,84
     0,01872
 -----------
    82115968
   2874058 8 .
  32846387 2 . .
  4105 7984 . . .
 -----------
  7686,0546048
```

Gaules. Si on veut savoir combien ce reste fait de pieds quarrés, il faut le multiplier par 506 $\frac{1}{4}$ et retrancher 7 fig.

Si on veut savoir combien ces 7686 gaules font de journaux, il faut les diviser par 45.

On veut savoir combien 7686 gaules $\frac{0546048}{10000000}$me font de mètres quarrés.

```
7686,0546048 | 0,01872
             |----------------
1980         | 41  05  79, 84
 10854
  14916
   18120
    15724
     07488
      0000
```

41 Arpens. 05 Perches. 79 Mètres quarrés. 84 Centimètres.

2.me *Méthode.*

Il faut y ajouter le $\frac{1}{6}$me, le $\frac{1}{10}$me du $\frac{1}{6}$me, le $\frac{1}{5}$me du $\frac{1}{10}$me, et le $\frac{1}{6}$me du $\frac{1}{5}$me.

```
  Mètres quar.
  410579,  84
  -----------
   68429,  97  le 1/6me.
    6842,  99  le 1/10me.
    1368,  59  le 1/5me.
     228,  09  le 1/6me.
  -----------
   7686,9  64
```

Gaules. Au produit il faut avancer la virgule d'un chiffre à gauche.

2.me *Méthode.*

Il faut prendre la $\frac{1}{2}$, le $\frac{1}{15}$me de la $\frac{1}{2}$, le $\frac{1}{4}$ du $\frac{1}{15}$me en chassant, le $\frac{1}{4}$ du $\frac{1}{4}$ en chassant, le $\frac{1}{4}$ du $\frac{1}{4}$ en chassant.

```
  Gaules.
  7686,  0546048
  --------------
  3843,  0273024  la 1/2.
   256,  2018201  le 1/15me.
     6,  4050355  le 1/4 en chassant.
      ,  1601261  le 1/4 en chassant.
           40315  le 1/4 en chassant.
  --------------
  4105   79,83256.
```

Mètres quarrés. Au produit il faut reculer la virgule de 2 chiffres à droite.

Pour convertir les mètres quarrés, en œillets de marais salants, de 1024 pieds quarrés, il aut les multiplier par 0,0092547 et retrancher au produit autant de chiffres qu'il y a de écimales au multiplicande et au multiplicateur, après les virgules.

Pour convertir les œillets de marais salants, de 1024 pieds quarrés, en mètres quarrés, faut y ajouter autant de zéros qu'il y a de décimales au diviseur et que l'on veut en rouver au produit, et diviser par 0,0092547.

On veut savoir combien 9 perches, 80 mètres uarrés, font d'œillets de marais, de 1024 pieds uarrés.

```
   0,0092547
        980,
   ---------
     7403760
    832923..
   ---------
   9,0696060
```

Œillet de marais.

Si on veut savoir combien le reste fait de pieds quarrés, on le multiplie par 1024 et on retranche autant de chiffres que ci-dessus.

On veut savoir combien 9 œillets de marais salants, de 1024 pieds quarrés et $\frac{0696060}{10000000}$ font de mètres quarrés.

```
œillets.
9, 0696060 { 0,0092547
-----------        980
    740376   ---------
    000000   Perches.
    000000   Mètres quarrés.
```

2.me *Méthode.*

Il faut déduire le $\frac{1}{14}$me, le $\frac{1}{3}$ du $\frac{1}{14}$me en chassant le $\frac{1}{100}$me du $\frac{1}{14}$me.

```
           980, mètres quarrés.
déduire.    73,033 { 70,     le 1/14me
           -------  { 02,333 le 1/3 en chassant.
           9,06967  {    700 le 1/100me du 1/14me.
```

Œillets de marais.

Au produit il faut avancer la virgule de 2 chiffres à gauche.

2.me *Méthode.*

Il faut y ajouter le $\frac{1}{12}$me et déduire le $\frac{1}{3}$ du $\frac{1}{12}$me en chassant.

```
           9,0696060
ajouter      7558005  pour le 1/12me.
           ---------
           9,8254065
deduire       251933  pour le 1/3 en chassant.
           ---------
           980,02132
```

Mètres quarrés.

Au produit il faut reculer la virgule de 2 chiffres à droite.

USAGES DU CANTON DE CHATEAUBRIAND.

La corde y était de 24 pieds quarrés et vaut 2 Mètres 53 Centimètres.

Le journal de 80 cordes.

Pour convertir les mètres quarrés, en cordes de 24 pieds quarrés, il faut les multiplie[r] par 0,39487 et retrancher au produit autant de chiffres qu'il y a de décimales au multiplicande et au multiplicateur.

Pour convertir les cordes de 24 pieds quarrés en mètres quarrès, il faut y ajouter autan[t] de zéros qu'il y a de décimales au diviseur et que l'on en veut trouver au produit, et diviser par 0,39487.

On veut savoir combien 6 arpens, 53 perches, 57 mètres quarrés, font de cordes de 24 pieds quarrés.

```
       65337,
      0,39487,
    ---------
      457359
     522696.
    261348..
   588033...
  196011....
  -----------
  25799,62119
```

Gaules.

Ce qui passe pour 25800 gaules, si l'on veut voir combien ces gaules font de journaux, on les divise par 80.

On veut savoir combien 25799 gaules de 2[4] pieds $\frac{62119}{100000}$me font de mètres quarrés.

```
  25799,62119 { 0,39487
  -----------    65337,
    210742      -------
     133071     Arpens. Perches. Mètres quarrés.
      146101
       276409
       000000
```

2.me *Méthode.*

Il faut prendre la $\frac{1}{2}$ et en déduire le $\frac{1}{5}$me, la $\frac{1}{4}$ du $\frac{1}{5}$me en chassant et le $\frac{1}{4}$ de la $\frac{1}{2}$ en chassant.

```
  65337, mètres quarrés.
  ---------
  32668, 5
                 { 65337   le 1/5me.
   9868, 54      { 32668   la 1/2 en chassant.
  ---------      {   816   le 1/4 en chassant.
  25799, 96
  Gaules.
```

2.me *Méthode.*

Il faut prendre le $\frac{1}{4}$, le $\frac{1}{8}$me du $\frac{1}{4}$ en chassant la $\frac{1}{2}$ du $\frac{1}{8}$me en chassant de 3 chiffres.

```
  Gaules.
  25799,  62
  ----------
   6449,  90  le 1/4.
     80,  62  le 1/8me en chassant.
      3,  22  la 1/2 du 1/4 en chassant de 3 chi[ffres].
  ----------
   6533  7,4
  Mètres quarrés.
```

Il faut reculer la virgul[e] d'un chiffre à droite a[u] produit.

Pour avoir un plus juste rapport, il faudrai[t] déduire de ce produit le $\frac{1}{4}$me de la $\frac{1}{2}$ en chassan[t] d'un chiffre.

USAGES DU CANTON DU LOROUX-BOTTEREAU.

La corde carrée y était de 576 pieds carrés, et vaut 60 mètres, 78 centimètres
L'hommée y était de 8 cordes.

Pour convertir les mètres quarrés en cordes de 576 pieds quarrés, et ces mêmes cordes en mètres quarrés, il faut opérer comme au *folio* 39, par 0,016453.

USAGES des cantons de Clisson, Vallet, la Chapelle-Heulin, le Pallet, Getigné, Mousillon, Aigrefeuille, Monnière, la Haie-Fouassiere, Gorges, Boussay et autres Communes.

La gaule y était de 100 pieds quarrés et vaut 10 mètres quarrés 55 centimètres.
L'hommée de 60 gaules.
La boisselée de 80 gaules.
Le quartier de 360 gaules.
A Maisdon, St.-Fiacre, Monnière, St.-Lumine, le journal de pré, était de 240 gaules.

USAGES des cantons de St.-Fiacre, Château-Thebaud et le Bignon.

La Corde y était de 576 pieds quarrés, ou la gaule de 100 pieds quarrés, il faut opérer pour les conversions comme au *folio* 39.
Le journal de vigne de 10 cordes ou de 57 gaules et 60 pieds quarrés

---

USAGES des Cantons de la Chapelle-Basse-Mer, la Remaudière et la Boissiére.

La gaule y était de 100 pieds quarrés.
L'hommée de vigne de 46 gaules $\frac{2}{3}$.
La boisselée de 70 gaules.
Le quartier de vigne de 6 hommées, ou de 4 boisselées, ou de 280 gaules.

Pour convertir les mètres quarrés, en gaules de 100 pieds quarrés, il faut les multiplier par 0,09477 et retrancher au produit autant de chiffres qu'il y a de décimales au multiplicande et au multiplicateur, après les virgules.

Pour convertir les gaules de 100 pieds quarrés en mètres quarrés, il faut y ajouter autant de zéros qu'il y a de décimales au diviseur et que l'on en veut trouver au produit, et diviser par 0,09477.

On veut savoir combien 5 perches 81 mètres quarrés, font de gaules de 100 pieds quarrés.

```
  0,09477
      581,
  -------
     9477
    75816.
   47385..
  -------
 55,06137   Gaules.
```

On peut multiplier par 100, si on veut avoir des pieds quarrés.

On veut savoir combien 55 gaules de 100 pieds quarrés et 06137 $\frac{}{100000}$mes de gaules, font de mètres quarrés.

```
55,06137 { ,09477
         {   581   Mètres quarrés. Perches.
76763
 9477
 0000
```

2.me *Méthode.*

Il faut prendre le $\frac{1}{10}$ en déduire la $\frac{1}{2}$ en chassant, et la $\frac{1}{2}$ de la $\frac{1}{2}$ en chassant et y ajouter ensuite le $\frac{1}{11}$me de la dernière $\frac{1}{2}$.

```
              581 , mètres quarrés.
           -------
             58,1        pour le 1/10me
à déduire  3,05025 { 2,905 la 1/2 en chassant.
                   {  14525 la 1/2 en chassant.
           -------
          55,04975
ajouter       1210 pour le 1/11me de la 1/2.
           -------
          55,06185
```

2.me *Méthode.*

Il fant y ajouter la $\frac{1}{2}$ en chassant, le $\frac{1}{10}$me de la $\frac{1}{2}$ et la $\frac{1}{2}$ du $\frac{1}{10}$me en chassant.

```
Gaules.
55,06185
  2,75309 la 1/2 en chassant.
   27531 le 1/10me
    1376 la 1/2 en chassant.
--------
581,0401   Mètres quarrés.
```

Au produit, il faut reculer la virgule d'un chiffre à droite.

Si l'on veut un rapport plus juste, il faut soustraire de ce produit, le $\frac{1}{2}$ de la dernière $\frac{1}{2}$.

USAGES DES CANTONS DE VIEILLEVIGNE, SAINT-COLOMBIN, LA LIMOUZINIÈRE, SAINT-ANDRÉ-DE-TREIZE-VOIX.

La Gaule y était de 132 pieds quarrés et $\frac{1}{4}$ et vaut 13 mètres 955 millimètres.

La boissellée de 25 gaules.

La charrée de 300 gaules.

Le journal de 400 gaules.

Pour convertir les mètres quarrés en gaules de 132 pieds quarrés et $\frac{1}{4}$, il faut les multiplier par 0,071658 et retrancher au produit autant de chiffres qu'il y a de décimales au multiplicande et au multiplicateur, après les virgules.

Pour convertir les gaules de 132 pieds q. et $\frac{1}{4}$ il faut y ajouter autant de zéros qu'il y a de décimales au diviseur et que l'on en veut trouver au produit et diviser par 0,071658.

On veut savoir combien 62 mètres quarrés 51 centimètres font de gaules de 132 pieds quarrés et $\frac{1}{4}$.

```
 0,071658
     6251,
 ---------
    71658
   358290 .
   143316 . .
  429948 . . .
 ---------
 4,47934158  Gaules
```

On peut multiplier le reste par 132 $\frac{1}{4}$ si on veut avoir des pieds quarrés et retrancher autant de chiffres qu'il y a de décimales au produit.

On veut savoir combien 4 gaules de 132 pieds quarrés et $\frac{1}{4}$ et 47934158 parties de gaules, font de mètres quarrés.

```
 4,47934158 { 0,071658
            {  62,  51
 170851       Mètres quarrés.  Centimètres.
 365455
  71658
  00000
```

2.me *Méthode.*

Il faut prendre la $\frac{1}{2}$, le $\frac{1}{3}$ de la $\frac{1}{2}$, le $\frac{1}{10}^{me}$ de la $\frac{1}{2}$.

```
 Mètres quarrés
  62,51 c.m.q.
 ---------
 31,255    la 1/2
 10,41833  le 1/3
  3,1255   le 1/10me de la 1/2.
 ---------
 4,479883  Gaules
```

Au produit il faut avancer la virgule d'un chiffre sur la gauche.

Si l'on veut un plns juste rapport il faut déduire de ce produit le $\frac{1}{8}^{me}$ du $\frac{1}{10}^{me}$ en reculant de deux chiffres.

2.me *Méthode.*

Il faut ajouter le $\frac{1}{3}$, le $\frac{1}{6}^{me}$ du $\frac{1}{3}$, le $\frac{1}{10}^{me}$ du $\frac{1}{6}^{me}$ et le $\frac{1}{5}^{me}$ du $\frac{1}{10}^{me}$.

```
 Gaules
 4,47934158
 1,49311386 le 1/3
   24885261 le 1/6me
    2488526 le 1/10me
     497705 le 1/5me
 ----------
 62,5117036  Mètres quarrés. c. m. t.
```

Au produit, il faut reculer la virgule d'un chiffre à droite.

Pour convertir les stères, en cordes de bois des eaux et forêts de 112 pieds cubes, il faut les multiplier par 0,26 et retrancher au produit autant de chiffres qu'il y a de décimales au multiplicande et au multiplicateur, après les virgules.

Pour convertir les cordes de bois de 112 pieds cubes, en stères, il faut y ajouter autant de zéros qu'il y a de décimales au diviseur, et que l'on en veut trouver au produit, et diviser par 0,26.

Si l'on veut un rapport plus juste, il faut opérer par 0,26048.

On veut savoir combien 234 stères, font de cordes de bois, de 112 pieds cubes.

```
 0,26048
     234, stères
 --------
  104192
  78144 .
 52096 . .
 --------
 60,95232
```

ce qui passe pour 61 cordes.

On veut savoir combien 60 cordes $\frac{95232}{100000}$me font de stères.

```
 60,95232 { 0,26048
          { 234 stères
 88563
 104192
  00000
```

2.me *Méthode.*

Il faut prendre le $\frac{1}{4}$, le $\frac{1}{3}$ du $\frac{1}{4}$ en chassant, le $\frac{1}{4}$ du $\frac{1}{3}$ et le $\frac{1}{3}$ du dernier $\frac{1}{4}$ en chassant.

```
      234, stères
   -----------
      58,5    le 1/4
      1 95    le 1/3 en chassant.
       4875   le 1/4
        1625  le 1/3 en chassant.
   -----------
      60,95375
```

Gaules

2.me *Méthode.*

Il faut prendre le $\frac{1}{3}$, la $\frac{1}{2}$ du premier nombre en chassant le $\frac{1}{100}$me de la $\frac{1}{2}$, le $\frac{1}{8}$me du $\frac{1}{100}$me et le $\frac{1}{3}$ du $\frac{1}{8}$me en chassant.

```
  Cordes.
  60,95375
 ------------
 20,317916 le 1/3
  3,047687 la 1/2 du 1.er nombre en chassant
     30476 le 1/100me
      3809 le 1/8me
       126 le 1/3 en chassant.
 ------------
 234,00014
```

Stères.

Au produit il faut reculer la virgule d'un chiffre à droite.

Pour convertir les stères, en cordes de bois de 108 pieds cubes, il faut les multiplier par 0,27 et retrancher au produit autant de chiffres qu'il y a de décimales au multiplicande et au multiplicateur, après les virgules.

Pour convertir les cordes de bois de 108 pieds cubes, en stères, il faut y ajouter autant de zéros qu'il y a de décimales au diviseur et que l'on en veut trouver au produit, et diviser par 0,27.

Si l'on veut un plus juste rapport, il faut opérer par 0,27012.

On veut savoir combien 601 stères, font de cordes de bois de 108 pieds cubes.

```
  0,27012
     601, stères.
 ---------
    27012
  162072..
 ---------
 162,34212  Cordes.
```

On veut savoir combien 162 cordes $\frac{34212}{100000^{mes}}$ font de stères.

```
 162,34212 { 0,27012
 ----------{     601 stères.
 0027012   {----------
   00000
```

2.me *Méthode.*

Il faut prendre le $\frac{1}{4}$ et le $\frac{1}{12}^{me}$ du $\frac{1}{4}$.

```
 601, stères
 ------
 150,25 le 1/4
  12,52 le 1/12me
 ------
 162,77  Cordes.
```

Si l'on veut un rapport plus juste, il faut déduire de ce produit le $\frac{1}{3}$ du $\frac{1}{12}^{me}$ en chassant, et le $\frac{1}{7}^{me}$ du $\frac{1}{7}$ en chassant.

2.me *Méthode.*

Il faut prendre le $\frac{1}{3}$ et le $\frac{1}{9}^{me}$ du $\frac{1}{3}$.

```
 Cordes
 162,342
 -------
  54,114  le 1/3
   6,0126 le 1/9me
 -------
 601,266  Stères.
```

Au produit, il faut reculer la virgule d'un chiffre à droite.

Si l'on veut un rapport plus juste, il faut déduire de ce produit la $\frac{1}{3}$ du $\frac{1}{9}$ en chassant de 3 chiffres.

Pour convertir les stères, en cordes de bois Nantaises, de 90 pieds cubes, il faut les multiplier par 0,324 et retrancher au produit autant de zéros qu'il y a de décimales au multiplicande et au multiplicateur, après les virgules.

Pour convertir les cordes de bois Nantaises, de 90 pieds cubes, en stères, il faut y ajouter autant de zéros qu'il y a de décimales au diviseur et que l'on en veut trouver au produit et diviser par 0,324.

Si l'on veut un plus juste rapport, il faut opérer par 0,32415.

On veut savoir combien 109 stères, font de cordes de bois de 90 pieds cubes.

```
  0,32415
      109 stères.
 --------
   291735
  32415..
 --------
 35,33235  Cordes & 1/3
```

On veut savoir combien 35 cordes $\frac{33235}{100000}$mes font de stères,

```
35,33235 { 0,32415
--------  {---------
  291735  |   109 stères.
   00000
```

2.me *Méthode.*

Il faut prendre le $\frac{1}{3}$ et en déduire le $\frac{1}{4}$ en chassant et le $\frac{1}{10}$me du $\frac{1}{4}$

```
            109, stères
             36,33333——le 1/3
à déduire      99916 { ,90833 le 1/4 en chassant
                     {   9083 le 1/10me
            --------
            35,33417  Cordes & 1/3
```

Si l'on veut un rapport plus juste, il faut encore déduire le $\frac{1}{10}$me du $\frac{1}{10}$me

2.me *Méthode.*

Il faut tripler le nombre des cordes auquel on ajoute le $\frac{1}{12}$me et le $\frac{1}{3}$me du $\frac{1}{12}$me en chassant.

```
  Cordes
 35,33235
        3
---------
105,99705
  2,94436 le 1/12me des cordes
     5888 le 1/3me du 1/12me en chassant.
---------
109,00029  Stères.
```

Pour convertir les stères, en solives (charpente de 3 pieds cubes,) il faut les multiplier par 9,7 et retrancher au produit autant de chiffres qu'il y a de décimales au multiplicande et au multiplicateur, après les virgules.

Pour convertir les solives (charpente de 3 pieds cubes) en stères, il faut y ajouter autant de zéros qu'il y a de décimales au diviseur et que l'on en veut trouver au produit, et diviser par 9,7. Si l'on veut un plus juste rapport il faut opérer par 9,7246.

On veut savoir combien 115 steres, 35 centisteres, font de solives (charpente de 3 pieds cubes.)

```
      9,7246
      115,35
    --------
     486230
    291738 .
   486230 ..
   97246 ...
  97246 ....
  ----------
 1121,732610
  Solives.
```

On veut savoir combien 1121 solives $\frac{732610}{1000000}$mes font de stères.

```
 Solives.
 1121.732610 { 9,7246
 -----------  { 115,   35
 149 272        -----------
  52 0266       Stères. Centistères.
   340361
    486230
     00000
```

2.me *Méthode.*

Il faut déduire le $\frac{1}{4}$ en chassant, le $\frac{1}{10}$me du $\frac{1}{4}$ et le $\frac{1}{4}$me du $\frac{1}{10}$me.

```
             115,   35
                  { 2,  8837 le 1/4 en chass.
A déduire 3  1768 {     2883 le 1/10me.
                  {       48 le 1/4me en chass.
             ----------
        112  1,732
             Solives.
```

Au produit il faut reculer la virgule d'un chiffre à droite.

2.me *Méthode.*

Il faut y ajouter le $\frac{1}{4}$ en chassant d'1 chiffre et le $\frac{1}{3}$ en chassant de 2 chiffres.

```
 Solives.
 1121,  732
   28,  043 le 1/4 en chassant d'1 chiffre.
    3,  739 le 1/3 des solives en chassant
 -----------  de 2 chiffres.
  115,3 514
 Stères. Centistères.
```

Au produit il faut avancer la virgule d'un chiffre à gauche.

Pour convertir les litres de 50 pouces cubes, 713 lignes cubes, en pintes de Paris, de 46 pouces cubes, 1642 lignes cubes, il faut les multiplier par 1,07374, ou approximativement par 1,074, et retrancher au produit autant de chiffres qu'il y a de décimales au multiplicande et au multiplicateur.

Pour convertir les pintes de Paris en litres, il faut y ajouter autant de zéros qu'il y a de décimales au diviseur et que l'on en veut trouver au produit et diviser par 1,0734 ou approximativement par 1,074.

On veut savoir combien 223 hectolitres, 51 litres, 6 décalitres font de pintes de Paris.

```
Hectolitres.
   2 2351,6
   1,07374
 ------------
     894064
    1564612 .
    670548 . .
   1564612 . . .
   223516 . . . .
 ------------
 23999,806984
```

Ou 24000 pintes, ou 100 bariques de vin en futs Nantais.

2.me *Méthode très-juste.*

Il faut y ajouter la $\frac{1}{2}$ en chassant, et la $\frac{1}{2}$ de la $\frac{1}{2}$, et déduire la $\frac{1}{2}$ de la dernière $\frac{1}{2}$ en chassant.

```
            Hecto.  Lit.  Décal.
             223    51,    6
              11    17,    58  la 1/2 en chassant.
               5    58,    79  la 1/2.
            ---------------------
             240    27,    97
à déduire           27,    939 la 1/2 de la dernière 1/2 en
            ---------------------        chassant.
             240    00,    031
```

Nota. *J'observe que la pinte de Paris et celle de Nantes, étaient de 48 pouces cubes, mais voulant être d'accord avec les ouvrages sur les nouveaux poids et mesures qui ont été faits par ordre du gouvernement, je n'ai porté la pinte qu'à 46 pouces cubes, 1642 lignes cubes, ce qui est une erreur évidente; si on veut faire une conversion de litres en pintes, d'après la véritable dimention, il faut opérerpar 1,05026, et suivant la 2.me Méthode, il faut prendre la $\frac{1}{2}$ en chassant à droite d'un chiffre, la $\frac{1}{2}$ de la $\frac{1}{2}$ en chassant de 2 chiffres, et le $\frac{1}{3}$me de la dernière $\frac{1}{2}$, en chassant d'un chiffre.*

On veut savoir combien 23999 pintes de Paris $\frac{106734}{1000000}$me font de litres.

```
23999, 806984 { 1,07374
--------------{ 2 2351,6
 2525   00    {
 377    526        Hectolitres.  Litres.  Décalitres.
  55    4049
   1    71798
        644244
         00000
```

Pour convertir les bariques de vin en futs nantais de 240 pintes, on peut les multiplier par 2 Hectolitres. 23 Litres. 516 Millilitres. on peut encore supprimer les deux derniers chiffres.

Exemple :

```
100 bariques
  2, 23 516
-----------
223, 51600
Hectolitres.  Litres.  Décalitres.
```

Pour faire cette multiplication il suffit de reculer la virgule de 2 chiffres de droite, mais si on compte la pinte à 48 pouces, il faut multiplier les bariques par 2 hectolitres, 28 litres 516.

Les administrations à Nantes, comptent la barique nantaise, sur le pied de 2 hectolitres, 28 litres.

2.me *Méthode.*

Il faut déduire du nombre des pintes le $\frac{1}{3}$ en chassant, que l'on repète et le $\frac{1}{16}$me du $\frac{1}{3}$.

```
      24000 Pintes.
           { 800 le 1/3 en chassant.
      1650 { 800 idem.
           {  50 le 1/16me.
      -----
      22350
Hectolitres.  Litres.
```

Pour avoir un rapport plus juste, il faut y ajouter le $\frac{1}{3}$ du $\frac{1}{16}$me en chassant d'un chiffre.

Si l'on compte la barique nantaise pour 2 hectolitres, 28 litres, il suffit de déduire la $\frac{1}{2}$ en chassant à droite d'1 chiffre.

L'ancien boissseau de Paris était de 655 pouces cubes, $\frac{21}{100}$mes ou 1348 lignes cubes, il pesait en froment environ 20 liv. anciennes; il était le même pour les grains, les legumes secs, le sel, l'avoine et les charbons.

A Paris, le muid de grains contenait 12 septiers, le septier 12 boisseaux, le boisseau 16 litrons.

Le nouveau boisseau ou décalitre, contient en froment environ 15 liv. $\frac{1}{4}$ poids de marc.

Le muid d'avoine contenait 12 septiers, le septier 24 boisseaux.
Le muid de sel contenait 12 septiers, le septier 16 boisseaux.
Le muid de charbons contenait 10 septiers, le septier 32 boisseaux.
La mine et le minot étaient la $\frac{1}{2}$ et le $\frac{1}{4}$ du septier.

Pour convertir les décalitres en boisseaux nouveaux de 504 pouces cubes, 214 lignes cubes, en anciens boisseaux de Paris, il faut les multiplier par 0,769 et retrancher au produit autant de chiffres qu'il y a de décimales au multiplicande et au multiplicateur, après les virgules.

Pour convertir les anciens boisseaux de Paris en décalitres ou nouveaux boisseaux, il faut y ajouter autant de zéros qu'il y a de décimales au diviseur et que l'on en veut trouver au produit et diviser par 0,769

Si l'on veut un plus juste rapport, il faut opérer par 0,76874.

On veut savoir combien 321 décalitres, 25 décilitres, font d'anciens boisseaux de Paris.

```
             321,25
               0,769
            --------
             289125
            192750 .
           224875 . .
            --------
Boisseaux anciens.  247,04125
```

2.me *Méthode.*

Il faut déduire le $\frac{1}{5}$me, le $\frac{1}{7}$me du $\frac{1}{5}$me et le $\frac{1}{8}$me du $\frac{1}{5}$me en chassant.

```
             321, 25
                      { 64, 25  le 1/5me.
A déduire  74  231    {  9, 178 le 1/7me.
                      {    803  le 1/8me du 1/5me en chas.
            --------
             247, 019
```

Anciens boisseaux.

Le boisseau d'étape, mesure quarrée, qui était celui de Paris, était de 8 pouces de largeur et 10 de profondeur, ce qui fait 640 pouces cubes, mais voulant aller d'accord avec les ouvrages qui ont été faits par ordre du gouvernement, je l'ai porté à 655 pouces cubes $\frac{21}{100}$me, ce qui est une erreu ; si on veut faire une conversion d'après la véritable capacité, il faut opérer pour les nouveaux boisseaux en anciens, par 0,787694.

On veut savoir combien 247 boisseaux anciens de Paris, $\frac{04125}{100000}$ font de décalitres ou nouveaux boisseaux.

```
  247,04125  { 0,769
  ---------  {   321, 25
   16 54     { ----------
     961        Décalitres. Litres. Décilitres.
    1922
     3845
     0000
```

2.me *Méthode.*

Il faut y ajouter le $\frac{1}{4}$ et la $\frac{1}{5}$ du premier nombre en chassant et le $\frac{1}{100}$me de la $\frac{1}{5}$.

```
   247,019
    61,75475  le 1/4.
    12,35095  la 1/5 en chassant.
       12350  le 1/100me.
   ---------
   321,24820
   Décalitres. Litres. Décilitres. Centilitres. Millilitres.
```

Le nouveau boisseau, ou décalitre, est de 504 pouces cubes, 214 lignes cubes, il pèse en froment environ 15 livres et $\frac{1}{2}$ poids de marc, à Nantes on donne 15 décalitres au septier et 10 septiers au tonneaux.

L'ancien boisseau à Nantes, était de 446 pouces cubes (a) et pésait en froment environ 14 livres poids de marc, on y donnait 16 boisseaux au septier et 10 septiers au tonneau. L'ancien boisseau vaut huit pintes, 8 verres, $\frac{471}{1000}$mes.

Les légumes secs étaient mesurés au comble avec ledit boisseau.

Pour convertir les décalitres ou boisseaux nouveaux en anciens boisseaux de Nantes, il faut les multiplier par 1,13, et retrancher au produit autant de chiffres qu'il y a de décimales au multiplicande et au multiplicateur, après les virgules.

Pour convertir les anciens boisseaux de Nantes, en nouveaux boisseaux ou décalitres, il faut y ajouter autant de zéros qu'il y a de décimales au diviseur et que l'on en veut trouver au produit, et diviser par 1,13.

Si l'on veut un plus juste rapport, il faut opérer par 1,1308.

On veut savoir combien 851 décalitres, 5 litres ou pintes, 1 décilitre ou verre, font d'anciens boisseaux de Nantes.

```
Décalit. Li. Décilitres.
   851,51
   1,1308
 ----------
   68 12 08
 2554 53 ..
  8515 1 ...
 85151 ....
 ----------
 962,8875 08
```

963 boisseaux, dont on prend le $\frac{1}{16}$me pour réduire en septiers et le 10me des septiers, pour réduire en tonneaux.

2.me *Méthode.*

Il faut y ajouter le $\frac{1}{8}$me et la $\frac{1}{2}$ du $\frac{1}{8}$me en chassant, et déduire le $\frac{1}{3}$ du $\frac{1}{8}$me en chassant de 2 chiffres, et le $\frac{1}{13}$me du $\frac{1}{3}$.

```
  851, 51
  106, 43875  le 1/8me.
    5, 321937 la 1/2 en chassant.
 -------------
  963, 270687
à déduire, 382084   { ,354793 le 1/3 du 1/8me en chas. de 2 chif.
                    {  27291 le 1/13me du 1/3.
 -------------
  962, 888603
```

Anciens boisseaux.

On veut savoir combien 962 boisseaux anciens et $\frac{887508}{1000000}$mes font de décalitres ou nouveaux boisseaux.

```
962,887508 { 1,1308
-----------{ 851, 5 1
 58 247
  17075
  57670
  11308
```

Décalitres.

N'ayant encore pu obtenir la cubature exacte de la grande quantité de boisseaux qui étaient en usage dans ce Département, je ne donnerai pas de méthodes pour leurs conversions en nouvelles mesures, je renvois aux méthodes générales, *folio* 75. Ceux qui connaîtront la capacité des anciens boisseaux, dont il voudront faire les conversions en nouveaux et des nouveaux en anciens.

2.me *Méthode.*

Il faut déduire le $\frac{1}{9}$me, le $\frac{1}{3}$ du $\frac{1}{9}$me en chassant, et le $\frac{1}{5}$me du $\frac{1}{3}$.

```
962,888604
            { 106, 987622 le 1/9me.
111 267127  {   3, 566254 le 1/3 en chassant.
            {    ,713251 le 1/5me.
-----------
851,621477
```

Décalitres.

Si l'on veut un rapport plus juste, il faut encore déduire le $\frac{1}{1000}$me du $\frac{1}{9}$me, et le $\frac{1}{14}$me du $\frac{1}{5}$me.

(a) *Tous les ouvrages sur les nouveaux poids et mesures qui ont été faits par ordre de la préfecture de la Loire inférieure, portent le boisseau de Nantes, à 446 pouces cubes, j'ai operé d'après cette même capacité, pour aller d'accord avec eux; cependant la véritable capacité du boisseau de Nantes, était de 444 pouces cubes, 1177 lignes, $\frac{1}{3}$; si l'on veut convertir des nouveaux boisseaux en anciens, d'après leur véritable capacité, il faut donc les multiplier par* 1,133674.

A NANTES.

On mesure le sel avec le double décalitre, il en faut 143 pour faire un muid ancien, qui contenait 133 quarteaux de mesure ancienne.

On donne donc par chaque muid ancien, 10 doubles décalitres ou nouveaux quarteaux, de plus qu'on ne donnait d'anciens quarteaux.

Ce rapport étant facile à connaître, je ne donnerai pas pour cette espèce de mesure de méthodes de conversions, je renvois aux méthodes générales, *folio* 75. celui qui voudra trouver le nombre convenable pour opérer les conversions, en connaissant toutefois la capacité des anciennes mésures pour le sel, qui se vendait mésure comble. Dans l'intérieur de la France, au-delà de la barrière qui separait à Ingrande la Brétagne de l'Anjou, le sel se vendait au poids, alors il faut opérer les conversions comme au *folio* 64.

Pour convertir les kilogrames, ou livres nouvelles, en livres anciennes, poids de marc, il faut les multiplier par 2,043 et retrancher au produit autant de chiffres qu'il y a de décimales au multiplicande et au multiplicateur, après les virgules.

Pour convertir les livres anciennes, poids de marc, en kilogrammes, ou livres nouvelles, il faut y ajouter autant de zéros qu'il y a de décimales au diviseur et que l'on en veut trouver au produit.

Si l'on veut un rapport plus juste, il faut opérer par 2,0429.

Le juste rapport est 2,042876519I.

On veut savoir combien 431 kilogrammes ou livres métriques, font de livres anciennes.

```
  2,043
    431
  -----
   2043
  6129 .
 8172. .
 -------
 880,533
```

Produit 881 liv. parce que la première décimale passe 5.

Si l'on veut savoir combien ce reste fait d'onces, il faut le multiplier par 16 et retrancher encore 3 chiffres; pour trouver les gros, multiplier ce second reste par 8 et retrancher 3 chiffres; pour trouver les grains, multiplier ce dernier reste par 72 et toujours retrancher autant de chiffres qu'il y a de décimales à la règle.

On veut savoir combien 880 liv. anciennes $\frac{533}{1000}$mes font de kilogrammes ou liv. métriques,

```
 880,533 { 2,043
 -------  { 431 liv. métriques.
   6333
   2043
   0000
```

Pour reduire les onces, gros et grains, en fractions décimales de livres, il faut supposé pour 8 onces, prendre la $\frac{1}{2}$ de 1 unité, qui est 5, supposé pour 4 gros le $\frac{1}{16}$ de 5 qui est le produit de 8 onces, ce qui fait 3125, qui additionés avec 5 font

8125 dix millièmes de livres que l'on ajoute après les unités.

2.me *Méthode.*

Il faut doubler le nombre des kilogrammes et y ajouter le $\frac{1}{3}$ en chassant, et le $\frac{1}{4}$ du $\frac{1}{3}$.

```
  431 liv.
  431
   14366 le 1/3 en chassant.
    3591 le 1/4.
  -------
  879,957
```

Si l'on veut un juste rapport, il faut y ajouter le $\frac{1}{7}$me du $\frac{1}{4}$.

2.me *Méthode.*

Il faut prendre la $\frac{1}{2}$, et déduire le $\frac{1}{5}$me de la $\frac{1}{2}$ en chassant.

```
         880 liv. 4797715 qui est le juste rapport
         ----------------- avec les 431 liv. métriques.
         440,   2398857 pour la 1/2
déduire    8,   8047977 pour 1/5me en chassant, ou
         ----------------- le 1/100me du premier nomb.
         431 liv. 4350880
```

Si l'on veut un juste rapport, il faut encore déduire la $\frac{1}{2}$ du $\frac{1}{5}$me en chassant d'1 chiffre et y ajouter ensuite le $\frac{1}{5}$me de la $\frac{1}{2}$ en chassant d'1 chiffre.

Pour convertir les kilogrammes, ou livres métriques, en onces anciennes, il faut les multiplier par 32,686

Pour convertir les hectogrammes ou onces nouvelles en onces anciennes, il faut les multiplier par 3,2686

et retrancher au produit autant de chiffres qu'il y a de décimales au multiplicande et au multiplicateur, après les virgules.

Pour convertir les onces anciennes en kilogrammes ou en hectogrammes, il faut les diviser par un des susdits nombres, après avoir ajouté au dividende autant de zéros qu'il y a de décimales au diviseur et que l'on en veut trouver au produit.

On veut savoir combien 8 hectogrammes 6 décagrammes 7 grammes font d'onces anciennes.

```
  3,2686
    8,67
--------
  228802
 196116 .
261488 . .
--------
28,338762
```

Produit 28 onces, ou 1 liv. 12 on.

Si on veut savoir combien ce reste fait de gros, il faut les multiplier par 8 et retrancher 6 chiffres; pour trouver les deniers, il faut multiplier ce second reste par 3 et retrancher 6 chiffres; pour trouver les grains, il faut multiplier le 3me reste par 24 et toujours retrancher 6 chiffres.

On veut savoir combien vingt-huit onces anciennes 338762/1000000mes font d'hectogrammes ou onces nouvelles.

```
                3,2686
28,338762      8, 6 7
---------     --------
 218996       Grammes.
  228802      Décagrammes.
   00000      Hectogrammes.
```

Pour établir les gros, les deniers et les grains en fractions décimales d'onces, il faut opérer comme ci-contre au *folio* 64.

2.me *Méthode.*

Il faut en prendre le $\frac{1}{3}$ et déduire le $\frac{1}{5}$me du $\frac{1}{3}$ en chassant.

```
 8,67
------
 2,89  le 1/3
  578  le 1/5me
------
28,522
```

Au produit, il faut reculer la virgule d'un chiffre à droite.

Si l'on veut un plus juste rapport, il faut ajouter à ce produit le $\frac{1}{4}$ du $\frac{1}{5}$me en chassant d'un chiffre et le $\frac{1}{4}$me du $\frac{1}{4}$ en chassant d'un chiffre.

2.me *Méthode.*

Il faut en prendre le $\frac{1}{4}$, le $\frac{1}{5}$me du $\frac{1}{4}$, et le $\frac{1}{8}$me du $\frac{1}{5}$me

```
28,338762
----------
 7,0846905  le 1/4
 1,4169381  le 1/5me
   1771042  le 1/8me
----------
8,6787328
```

Grammes. Décagrammes. Hectogrammes.

Si l'on veut un rapport plus juste, il faut déduire de ce produit la $\frac{1}{4}$ du $\frac{1}{5}$me en chassant d'un chiffre.

Pour convertir les livres métriques, ou kilogrammes, en gros anciens, il faut les multiplier par. 261,488

Pour convertir les décagrammes, ou gros nouveaux, en gros anciens, il faut les multiplier par 2,61488

et retrancher au produit autant de chiffres qu'il y a de décimales au multiplicande et au multiplicateur, après les virgules.

Pour convertir les gros anciens, en livres métriques ou en gros nouveaux, il faut les diviser par un des susdits nombres, après avoir ajouté au dividende autant de zéros qu'il y a de décimales au diviseur et que l'on en veut trouver au produit.

On vent savoir combien 4 kilogrammes 7 hectogrammes 9 décagrammes 3 grammes font de gros anciens.

```
    261,488
      4,793
-----------
    784464
   2353392.
  1830416..
 1045952...
-----------
 1253,311984
```

Lorsqu'il se trouve des kilogrammes à convertir en gros, on peut opérer comme au *folio* 64 et par le même nombre.

Produit 1253 gros, dont on prend le $\frac{1}{8}$me pour réduire en onces et le $\frac{1}{16}$me des onces pour réduire en liv.

Si l'on veut savoir combien le reste fait de deniers et de grains, on le multiplie par 3 et ensuite par 24 et on retranche chaque fois 6 chiffres.

On veut savoir combien 1253 gros anciens et $\frac{311984}{1000000}$mes font de kilogrammes.

```
1253,311984 | 261,488
            | 4,793
-----------
 2073599
  2431838
   784464
   000000
```

kilogrammes.

2.me *Méthode.*

Comme au *folio* 64.

On aura des livres anciennes que l'on réduira en onces et en gros.

2.me *Méthode.*

Lorsqu'il se trouve un certain nombre de livres anciennes à convertir en livres nouvelles, on peut opérer comme au *folio* 64, pour le nombre des livres anciennes.

Pour convertir les kilogrammes, ou livres métriques, en deniers anciens, il faut les multiplier par. . . . . 784,46.

Pour convertir les grammes, ou deniers nouveaux, en deniers anciens, il faut les multiplier par. . . . . 0,78446 et retrancher au produit autant de chiffres qu'il y a de décimales au multiplicande et au multiplicateur, après les virgules.

Pour convertir les deniers anciens poids, en livres métriques, ou en deniers nouveaux, il faut les diviser par un des susdits nombres, après avoir ajouté au dividende autant de zéros qu'il y a de décimales au diviseur et que l'on en veut trouver au produit.

On veut savoir combien 3 grammes 0 décigramme 1 centigramme font de deniers anciens (poids.)

```
      0,78446
         3,01
   ----------
        78446
     235338..
   ----------
     23612246
```

produit 2 deniers anciens; si on veut savoir combien ce reste fait de grains anciens, on le multiplie par 24 et on retranche 7 chiffres. *Exemple:*

```
        3612246.
             24.
      ----------
        14448984
        7224492.
      ----------
Grains 8,6693904
```

On veut savoir combien 2 deniers anciens $\frac{3612246}{1,0000000}$ mes font de grammes

```
2,3612246 { 0,78446
          {    3,01
---------
  0078446
    00000
```

Pour établir comme ci-dessus les grains et fractions décimales de grains ou fractions décimales de deniers, il faut les diviser par 24, *exemple* :

```
8,6693904 { 24
          { 3612246
---------
146
  29
   53
    59
     110
      144
       00
```

2.me *Méthode.*

Il faut en déduire le $\frac{1}{3}$ et y ajouter ensuite le $\frac{1}{3}$ du $\frac{1}{3}$ et le $\frac{1}{5}$ème du premier $\frac{1}{3}$ en chassant.

```
  3,01
  1,003333 le 1/3 à déduire
  --------
  2,006667
    334444 le 1/3 du 1/3
     20066 le 1/5me du premier 1/3 en chassant
  --------
  2,361177
```

Si l'on veut un rapport plus juste, il faut encore ajouter le $\frac{1}{3}$me du $\frac{1}{3}$ en chassant de 2 chiffres, et le $\frac{1}{5}$me du $\frac{1}{3}$me.

2.me *Méthode.*

Il y faut ajouter le $\frac{1}{4}$ et le $\frac{1}{10}$ème du $\frac{1}{4}$

```
  2,3612246
   ,5904061. le 1/4
     590406. le 1/4
  ---------
  3,0106713
```

Si l'on veut un rapport plus juste, il faut déduire de ce produit le $\frac{1}{10}$ème du $\frac{1}{10}$ème et le $\frac{1}{4}$ème du $\frac{1}{10}$ème.

Pour convertir les kilogrammes, ou livres métriques, en grains anciens, il faut les multiplier par 18827,

Pour convertir les décigrammes, ou grains nouveaux, en grains anciens, il faut les multiplier par 1,8827

et retrancher au produit autant de chiffres qu'il y a de décimales au multiplicande et au multiplicateur, après les virgules.

Pour convertir les grains anciens, en livres métriques, ou en grains nouveaux, il faut les diviser par un des susdits nombres, après avoir ajouté au dividende autant de zéros, qu'il y a de décimales au diviseur et que l'on en veut trouver au produit.

On veut savoir combien 8 décigrammes 1 centigramme 9 milligrammes font de grains anciens.

```
    1,8827
      8,19
 ---------
    169443
    18827 .
  150616 . .
 ---------
 15,419313  produit 15 grains.
```

On veut savoir combien 15 grains $\frac{419313}{1000000^{mes}}$ font de décigrammes.

```
 15,419313 { 1,8827
           {   819
 ---------
     35771
    169443
     00000
```

Milligrammes
Centigrammes
Décigrammes

2.me *Méthode.*

Il faut doubler les nouveaux poids et en déduire le $\frac{1}{9}^{me}$

```
  8,19
  8,19
 -----
 16,38
    91  le 1/9me
 -----
 15.47
```

Grains.

Si l'on veut un rapport plus juste, il faut encore déduire la $\frac{1}{2}$ en chassant du $\frac{1}{9}^{me}$ et le $\frac{1}{9}^{me}$ de la $\frac{1}{2}$.

2.me *Méthode.*

Il faut prendre la $\frac{1}{2}$, la $\frac{1}{2}$ de la $\frac{1}{2}$ en chassant et le $\frac{1}{4}$ de la dernière $\frac{1}{2}$

```
 15,419313
 ---------
  7,709656  la 1/2
    385482  la 1/2
     96370  le 1/4.
 ---------
  8,191508
```

Si l'on veut un rapport plus juste, il faut déduire de ce nombre le $\frac{1}{7}^{me}$ du $\frac{1}{4}$ en chassant, et le $\frac{1}{10}^{me}$ du $\frac{1}{7}^{me}$

Troisième Méthode de Conversions,

Qui s'opérent comme à la première méthode, mais par des nombres différents.

Pour convertir les anciens poids et mesures en nouveaux, il faut les multiplier par les nombres désignés au tableau ci-après, et retrancher au produit autant de chiffres qu'il y a de décimales au multiplicande et au multiplicateur, après les virgules.

Pour convertir les nouveaux poids et mésures en anciens, il faut y ajouter autant de zéros qu'il y a de décimales au diviseur et que l'on en veut trouver au produit et diviser par les nombres désignés au tableau ci-après.

Si l'on ne veut que des rapports approximatifs on peut négliger plusieurs chiffres de droite auxdits nombres.

Avec la première et la troisième méthode, on peut éviter de faire des divisions, car si l'on veut convertir les nouveaux poids et mésures en anciens, on doit multiplier par les nombres donnés à la première méthode, et si l'on veut convertir des anciens poids et mésures en nouveaux, on doit multiplier par les nombres donnés à cette troisième méthode.

SERIE des nombres qui peuvent servir de multiplicateurs, pour convertir les anciens poids et mesures en nouveaux, et de diviseurs pour convertir les nouveaux poids et mesures en anciens.

ANCIENS POIDS ET MESURES.	NOUVEAUX POIDS ET MESURES.	NOMBRES.		NOMBRES.
Brasses marines et pas geométriques	*En mètres*	1,6242		
Toises	*En mètres*	1,949		
Pieds	*En mètres*	0,32484		
Pouces	*En décimètres ou palmes*	0,2707	*En mètres*	0,02707
Lignes	*En centimètres ou doigts*	0,2256	*En mètres*	0,002256
Toises quarrées	*En mètres quarrés*	3,798744		
Pieds quarrés	*En décimètres quarrés*	10,5521	*En mètres quarrés*	0,105521
Pouces quarrés	*En centimètres quarrés*	7,3278	*En mètres quarrés*	0,00073278
Lignes quarrées	*En millimètres quarrés*	5,08876	*En mètres quarrés*	0,0000050876
Toises cubes	*En mètres cubes*	7,40389		
Pieds cubes	*En décimètres cubes*	34,2773	*En mètres cubes*	0,0342773
Pouces cubes	*En centimètres cubes*	19,8364	*En mètres cubes*	0,0000198364
Lignes cubes	*En millimètres cubes*	11,479	*En mètres cubes*	0,00000001147939
Lieues de pays anciennes de 2280 toises	*En myriamètres ou lieues nouvelles*	0,4444		
Lieues marines anciennes de 2850 toises	*En myriamètres ou lieues nouvelles*	0,55556		
Lieues de postes anciennes de 2000 toises	*En myriamètres ou lieues nouvelles*	0,3898		
Aunes de Paris de 43 pouces 10 lignes 1/[illegible]me	*En mètres*	1,18845		
Aunes de Nantes et de Laval de 52 pouces 6 lig.	*En mètres*	1,42117		
Aunes de Vitré de 50 pouces	*En mètres*	1,353496		
Arpens anciens (eaux et forêts) et perches anciennes dito de 484 pieds quar.	*En arpens nouveaux ou hectares. En perches nouvelles ou ares*	0,51072		
Arpens anciens de Paris et perches anciennes de 324 pieds quarrés.	*En arpens nouveaux ou hectares En perches nouvelles ou ares*	0,341887		
Arpens anciens et perches anciennes de 400 pieds quarrés.	*En arpens nouveaux ou hectares. En perches nouvelles ou ares*	0,42208		

Gaules de 121 *pieds quarrés.*	*En mètres quarrés.*	12,768		
Cordes de 576 *pieds quarrés*	*—Idem*	60,78		
Gaules de 56 *pieds quarrés et* $\frac{1}{4}$	*—Idem*	5,9355		
Gaules de 64 *pieds quarrés.*	*—Idem.*	6,75		
Cordes de 900 *pieds quarrés*	*—Idem.*	94,9686		
Gaules de 506 *pieds quarrés.*	*—Idem.*	53,42		
Œillets de marais salants de 1024 *pieds quarrés*	*—Idem*	108,053		
Cordes de 24 *pieds quarrés.*	*—Idem*	2,53		
Gaules de 100 *pieds quarrés.*	*—Idem.*	10,55		
Gaules de 132 *pieds quarrés et* $\frac{1}{4}$.	*—Idem.*	13,955		
Cordes de bois (eaux et forêts) de 112 *pieds cubes.*	*En stères*	3,8391		
Cordes de bois de 108 *pieds cubes.*	*—Idem.*	3,702		
Cordes de bois de 90 *pieds cubes.*	*—Idem.*	3,0849		
Solives, (charpente) de 3 *pieds cubes*	*—Idem.*	0,10283		
Pintes de Paris de 46 *pouces cubes* 1642 *lignes.*	*En litres*	0,93132		
Pinte de Paris, de 48 *pouces (vraie dimention.)*	*En litres*	0,952147		
Anciens boisseaux de Paris, de 655 *pouces cubes* $\frac{74}{100}$*me*	*En décalitres*	1,30083		
Anciens boisseaux de Paris, véritables capacité, de 640 *pouces cubes*	*En décalitres*	1,2695296		
Anciens boisseaux de Nantes, de 446 *pouces cub.*	*En décalitres..*	0,88473		
Anciens boisseaux de Nantes. (..) véritable capacité, de 444 *pouces cubes,* 1727 *lignes cubes* $\frac{1}{7}$.*mes*	*En décalitres*	0,8820875		
Livres anciennes (poids de marc)	*En kilogrammes ou livres nouvelles*	0,489506		
Onces anciennes.	*En hectogrammes ou onces nouvelles*	0,30594	*En kilogrammes,*	0,030594
Gros anciens	*En décagrammes ou gros nouveaux*	0,3824	*En kilogrammes.*	0,003824
Deniers anciens.	*En grammes ou deniers nouveaux*	0,1275	*En kilogrammes.*	0,0001275
Grains anciens	*En décigrammes ou grains nouveaux.*	0,5312	*En kilogrammes.*	0,00005312

Si l'on veut convertir des toises et des pieds en mètres, il faut réduire les pieds en fractions décimales de toises comme à la division du folio 15.

Si l'on veut convertir des pieds et des pouces en mètres, il faut réduire les pouces en fractions décimales de pieds, comme à la division du folio 16, *et opérer ainsi jusqu'aux lignes ; de même pour les mesures quarrées et cubes, et toujours avoir soin de placer les virgules avant les décimales et à leur gauche.*

Pour connaître à quel prix revient à l'ancien poids ou mesure un objet quelconque acheté au nouveau poids ou mesure, il faut multiplier le prix d'achat par le nombre donné pour la conversion de cet objet, au tableau précédent de la troisième méthode;

Exemple :

On veut savoir à combien revient l'aune de Paris, d'une pièce de drap qui a coûté 33 f. 45 c. le mètre.

Pour cette opération, on cherche au tableau ci-contre, le nombre donné pour la conversion de l'aune de Paris en mètres; on trouve 1,18845.

Que l'on multiplie ainsi par le prix de 33,45 c.

```
  594225
 475380 .
 356535 ..
356535 ...
----------
39,7536525
```

Comme il y a 7 décimales après les virgules au multiplicande et au multiplicateur, on retranche au produit sept chiffres de droite, les deux premiers chiffres de gauche retranchés sont les centimes, ainsi l'aune revient à 39 f. 75 c.

On peut négliger audit nombre de 1,18845 les deux derniers chiffres de droite, ce qui ne donne que 1 centime de différence au vrai produit.

On suivra la même marche pour n'importe quel autre objet.

Pour connaître à quel prix revient aux nouveaux poids ou mesures, un objet quelconque acheté aux anciens poids ou mesures, il faut multiplier le prix d'achat par le nombre donné pour la conversion de cet objet à la première méthode; la table qui est à la fin de cet ouvrage, servira pour indiquer le *folio* où on trouvera ce nombre; *Exemple* :

On veut savoir à combien revient le mètre d'une pièce de drap qui a coûté 39 francs 75 centimes, l'aune de Paris.

Pour cette opération, je cherche à la table la conversion des mètres, en aunes de Paris, qui me renvoie au *folio* 31, où je trouve le nombre de 0,841439.

Pour simplifier, je néglige les deux derniers chiffres de droite,

ainsi je multiplie 0,8414.

par le prix de 39,75 (f. c.)

```
   42070
  58898.
 75726..
25242...
33,445650
```

Comme il y a six décimales après les virgules, au multiplicande et au multiplicateur, je retranche au produit six chiffres de droite, les deux premiers chiffres de gauche retranchés, sont les centimes, ainsi le mètre revient à 33 francs 45 centimes.

Je porte 1 centime de plus, parceque le chiffre de droite qui est après les centimes dépasse 5.

On suivra la même marche pour n'importe quel autre objet.

Méthodes Générales,

Pour trouver les nombres propres à opérer les conversions des Mesures Locales anciennes de toutes les parties de la France, en nouvelles et l'inverse.

AVEC les nombres donnés dans le présent ouvrage à la troisième méthode *folio* 70, on peut convertir toutes anciennes mesures locales (qui n'y seraient pas comprises) en nouvelles.

Exemples :

On veut savoir combien 1452 gaules de 52 pieds quarrés chaque, font en mesure métrique agraire ; on cherche au *folio* 70, le nombre donné pour convertir les pieds quarrés en mètres quarrés, on trouve 0,105521
que l'on multiplie par 52 pieds quarrés, (mesure dont on veut avoir le rapport.)

211042
527605.

ce nombre 5,487,092 est celui qui convient pour opérer la conversion et on néglige si on veut les 3 derniers chiffres de droite

On le multiplie par 1452 gaules à convertir

10974
27435.
21948..
5487...

7967,124 produit 79 perches nouvelles 67 mètres quarrés.

On opère ainsi pour toutes les mesures d'arpentages anciennes pour les terres et œillets de marais salants, et enfin pour toute espèce de mesure quarrée.

On veut savoir combien 357 aunes de 54 pouces chaque, font de mètres.

On cherche au tableau *folio* 70, le nombre donné pour convertir les pouces en mètres on trouve 0,02707
que l'on multiplie par 54 pouces, (longueur de l'aune)

10828
13535

Ce nombre 1,46178 est celui qui convient pour opérer la conversion
on le multiplie par 357 aunes, à convertir

1023246
730890.
438534..

521,85546 produit, 521 mètres 85 centimètres.

On veut savoir combien 17 tonneaux 4 septiers 13 boisseaux font de décalitres en supposant le tonneau valoir 10 septiers, le septier 12 boisseaux, et le boisseau de 645 pouces cubes, je réduis le tout en boisseaux, ainsi :

```
17 tonneaux 4 septiers 13 boisseaux
10
----
174
12
----
2101 boisseaux
```

Ensuite on cherche au tableau *folio* 70, le nombre donné pour convertir les pouces *cub.* en mètres cubes, on trouve 0,0000198364.

Instruction utile pour les mesures de capacité et de solidité.

Lorsque l'on veut trouver des litres, on recule la virgule de 3 chiffres à droite au nombre donné pour le rapport en mètres cubes.

Lorsque l'on veut trouver des décalitres, on recule la virgule de 2 chiffres à droite au nombre donné pour le rapport en mètres cubes.

Ainsi, en reculant la virgule de 2 chiffres à droite au nombre ci-dessus on multiplie

```
        0,00198364.
par——        645   pouces (capacité dudit boisseau).
        ----------
          991820
         793456.
        1190184..
        ----------
```

ce nombre 1,27944780 est celui qui convient pour opérer la conversion en négligeant le zéro à la droite

```
on le multiplie par   2101 boisseaux à convertir
        ----------
          12794478
        12794478..
        25588956...
        ----------
        2688,1198278 produit, 2688 décalitres, ou nouveaux boisseaux.
```

Pour convertir les livres anciennes de 12 onces en kilogrammes, on les multiplie par 0,4895 nombre donné au *folio* 70 et on déduit le ¼ du produit ; pour les livres de 14 onces on déduit le $\frac{1}{7}^{me}$.

Pour convertir les poids de l'étranger en kilogrammes, on les réduit d'abord en livres (poids de marc,) que l'on multiplie par 0,4895.

Avec les nombres donnés dans le présent Ouvrage, à la première méthode, on peut convertir les nouvelles mesures en toutes espèces d'anciennes mesures locales qui n'y seraient pas comprises. *Exemple* :

On veut savoir combien 79 perches 67 mètres quarrés font de perches, gaules ou cordes anciennes de 52 pieds quarrés chaque.

On cherche au *folio* 20 le nombre donné pour convertir les mètres quarrés en pieds quarrés.

On trouve 9,47682 { que l'on divise par 52 pieds quarrés, ou par tout autre nombre de pieds que contient chaque gaule, perche ou corde.

427 ce nombre 0,18224 est celui qui convient pour opérer la conversion

116 on le multiplie par 7967 mètres quarrés

128
242
34

```
   127568
  109344.
 164016..
127568...
1451,90608
```

1451,90608 produit, 1451 gaules, perches ou cordes $\frac{9}{10}$[èmes].

On veut savoir combien 521 mètres 86 centimètres, font d'aunes anciennes de 54 pouces chaque.

On cherche au *folio* 17 le nombre donné pour convertir les mètres en pouces,

On trouve 36,9413. } que l'on divise par 54 pouces, (longueur de ladite aune)

454 ce nombre 0,6841 est celui qui convient pour opérer la conversion.

221 on multiplie 521,86 (mèt) centimètres à convertir

53 par 0,6841 produit de ladite division

```
     52186
   208744.
  417488..
 313116...
357,004426
```

produit, 357 aunes.

On veut savoir combien 2688 décalitres où boisseaux nouveaux, font de boisseaux anciens de 645 pouces cubes chaque.

On cherche au *folio* 26 le nombre donné pour convertir les mètres cubes en pouces cubes.

On trouve 50412,42 { que l'on divise par 645 pouces cubes, (dimension du boisseau) 78,15879

5262
1024
3792

Instruction utile pour les Mesures de capacité et de solidité.

Lorsque l'on veut convertir des litres, en pintes anciennes, on avance la virgule de 3 chiffres à gauche, au nombre que l'on trouve par le moyen d'une semblable division.

Lorsque l'on veut convertir des décalitres en boisseaux anciens, on avance la virgule de 2 chiffres à gauche au nombre que l'on trouve par le moyen de la division.

Ainsi en avançant la virgule de 2 chiffres à gauche au nombre ci-dessus, cela fait 0,7815879 pour opérer la conversion

On le multiplie par 2688 décalitres à convertir.

62527032
62527032.
46895274..
15631758...

2100,9082752

produit 2100 boisseaux $\frac{9}{10}$ èmes de 645 pouces chaque.

Table.

Folio

PREMIÈRE ET SECONDE MÉTHODES.

Folio

F I N.

A LA SYRÈNE, Cours du Peuple, N.° 15.

E R R A T A.

PRÉFACE, *folio* 7,

A la multiplication par 94, supposez les chiffres 73566 plus avancés d'un chiffre sur la gauche, et un point à la droite du second 6.

Paragraphe omis à la Préface, folio 8, *après la neuvième ligne.*

Quelques personnes peuvent croire que l'on ne doit mesurer la pinte de Paris, que jusqu'à la raie, que quelques auteurs ont nommé la *sur-hausse ;* c'est une erreur, car depuis que la capacité de la pinte a été déterminée, on l'a toujours mesurée jusqu'au bord, les marchands ont toujours vendu ainsi, la capacité des barriques a toujours été de telle quantité de pintes pleines ; c'est un usage très-ancien et qui fait loi. Puisque les boissons se vendaient à la pinte pleine, on ne doit que la considérer ainsi, pour établir son rapport avec le litre plein.

Folio 13, colonne de gauche ; supposez la sonstraction allignée.

idem 13, colonne de gauche : parce que j'ai négligé les restes *à la règle ci-contre*, supprimez les cinq derniers mots.

Folio 17, colonne de gauche, 2.me Méthode : 9,me 5mmt *lizez* : 9,dm 5cmt.

Folio 27, 2me Méthode de gauche, *lisez* :

763, millimètres cubes

63,58333333
2,11944444
70648143
5887345

66,46813270
à soustraire 117746

lignes cubes 66,46695524.

Folio 37, 2.me Méthode, à gauche et à droite, *lisez* :

651863,47

50143,343 le $\frac{1}{13}$me
1028,668 le $\frac{1}{7}$me

51172011 — à soustraire
118105 { 114,296 le $\frac{1}{9}$me du $\frac{1}{7}$me ; 3,809 le $\frac{1}{3}$ du $\frac{1}{9}$me en chassant.

51053,906

51053,946
12763,486 le $\frac{1}{4}$
1276,348 le $\frac{1}{10}$me
91,167 le $\frac{1}{14}$me
1,302 le $\frac{1}{7}$me en chassant
91 le $\frac{1}{1000}$me du $\frac{1}{14}$me

65186,340

Folio 48, 2me Méthode à droite, *lisez* :

7686,0546048
3843,0273024
256,2018201
6,4050455
1601261
40031
4105,7982972

Folio 55, 2me Méthode à droite, *lisez* :

4,47934158
1,49311386
24885231
2488523
497704
62,5117002

Folio 64, colonne de gauche 2.me Méthode,
et y ajouter le $\frac{1}{5}$ en chassant, et le $\frac{1}{5}$ du $\frac{1}{5}$, *lisez* le $\frac{1}{4}$ du $\frac{1}{5}$.
idem. Si l'on veut un juste rapport, *lisez* un plus juste rapport.

Folio 65, 2.me Méthode à droite, *lisez* :

28,338762	
7,0846905	le $\frac{1}{4}$
1,4169381	le $\frac{1}{5}^{me}$
1574375	le $\frac{1}{9}^{me}$
112455	le $\frac{1}{14}^{me}$
8,6703116	

Folio 67, 2.me Méthode à droite, *lisez* :

	2,3612246	
	5903061	le $\frac{1}{4}$
	590306	le $\frac{1}{10}^{me}$
	3,0105613	
à soustraire	5903	le $\frac{1}{100}^{me}$ du $\frac{1}{10}^{me}$
	3,0099710	

Folio 77 on a oublié à l'impression quatre lignes de chiffres à la fin de la division, il faut les rétablir.

www.ingramcontent.com/pod-product-compliance
Ingram Content Group UK Ltd.
Pitfield, Milton Keynes, MK11 3LW, UK
UKHW012241240726
13966UKWH00003B/1226